河南珍稀植物图谱

HENAN ZHENXI ZHIWU TUPU

主 编 冯慰冬

河南科学技术出版社
·郑州·

图书在版编目（CIP）数据

河南珍稀植物图谱 / 冯慰冬主编. —郑州：河南科学技术出版社, 2017.6

ISBN 978-7-5349-8717-5

Ⅰ. ①河… Ⅱ. ①冯… Ⅲ. ①珍稀植物－河南－图谱
Ⅳ. ①Q948.526.1-64

中国版本图书馆CIP数据核字(2017)第093516号

出版发行：河南科学技术出版社
地址：郑州市经五路66号　邮编：450002
电话：（0371）65737028 65788613
网址：www.hnstp.cn
策划编辑：陈淑芹　李义坤　编辑信箱：hnstpnys@126.com
责任编辑：李义坤
责任校对：张小玲
装帧设计：张　伟　杨红科
责任印制：朱　飞
印　　刷：河南瑞之光印刷股份有限公司
经　　销：全国新华书店
幅面尺寸：210 mm × 285 mm　印张：12.75　字数：324千字
版　　次：2017年6月第1版　2017年6月第1次印刷
定　　价：180.00 元

《河南珍稀植物图谱》

编写人员名单

主　　编	冯慰冬					
执行主编	雷跃平	王　萌				
副 主 编	郭　良	孙银安	赵义民	王春平	张全来	冯茜茜
编　　者	郭玉生	柴仁俊	李玉明	邹平洲	周克勤	王风枝
	熊林春	职庆利	马兴旗	关国民	曹少伟	王　淮
	郭国杞	刘继平	尚铁军	索延星	姚现玉	刘铁军
	沈文修	毛瑞丽	侯　娜	尹思源	李秀玲	何　轶
	张　朵	张苗苗	王　岩	任媛媛	蒋新娅	
摄　　影	王文元	王天龙	王齐瑞	王　淮	田乾福	叶喜阳
	刘文凯	刘　冰	刘　军	许　和	刘宗才	关国民
	孙银安	陈又生	李令东	张全来	宋全胜	何志堃
	陈炳华	杨　海	李晓东	李　敏	李喜才	李策宏
	张　磊	金　宁	周克勤	周洪义	林秦文	郎楷永
	罗毅波	周　繇	姜云传	段来军	侯雨龙	胡焕富
	柴仁俊	郭书普	郭玉生	徐永福	聂廷秋	徐晔春
	徐　辉	职庆利	彭兴龙	喻勋林	赖宋强	雷跃平
	熊林春	戴惠堂				
审　　稿	赵体顺	叶永忠	王齐瑞			

前　言

为了宣传野生植物保护的相关法律法规，普及植物知识，增强民众对植物及大自然的保护意识，为野生植物保护管理人员和野生植物爱好者提供识别珍稀植物的工具书，也为了相关科研工作者提供野外植物的参考资料，我们组织编写了本书。本书中的河南珍稀植物是指河南省野外有分布的国家重点保护野生植物和省级重点保护野生植物。

本书分概述、国家重点保护野生植物、河南省重点保护野生植物三部分。第一部分介绍了河南省的自然条件、植被及珍稀植物现状，并提出了保护管理措施；第二部分、第三部分分别介绍了河南省野外分布的27种国家重点保护野生植物和98种省级重点保护野生植物。每种植物都列有中文名、拉丁名、形态特征、分布与生境、生态习性及保护价值等。本书中的珍稀植物分类主要依据《河南植物志》。

为做好图谱的编纂工作，编者组织植物学者、摄影专家深入全省各大山区拍摄植物图片，历时两年基本完成了全书图片的采集工作。在植物图片采集和图弓编辑过程中，河南省林业厅、相关省辖市和县市区林业局、自然保护区、森林公园，以及中国科学院植物研究所、河南农业大学、河南省林业调查规划院、河南摄影协会给予了大力支持和帮助，在此表达诚挚的谢意。

由于作者水平有限，错误和疏漏之处敬请读者批评指正。

编者

2016年9月

目 录

第一部分

概述

一、河南省地理位置与地形地貌

（一）地理位置

河南省位于黄河中下游、华北大平原的西南部，东接山东、安徽，北界山西、河北，西连陕西，南临湖北。介于东经 110° 21′ ～ 116° 39′，北纬 31° 23′ ～ 36° 22′，东西长约 580 km，占经度 6° 18′；南北宽约 550 km，约占纬度 5°。全省总面积为 16.7 万 km^2，占全国陆地总面积的 1.73%。

（二）地形地貌

河南省地貌较为复杂，在全国处于第二级地貌台阶向第三级地貌台阶的过渡带，境内有山地、丘陵、平原，总的地势是西高东低。北部、西部和南部有太行山、伏牛山、桐柏山、大别山四大山系，东部平畴千里，是广阔的黄淮海冲积平原，山区与平原之间的过渡地带多系低山丘陵或垄岗，从而形成了具有河南特色的自然景观和地理环境。

从形态看，各种常态地貌如山地、丘陵、平原、盆地等均很发育。其中，山地面积约 4.44 万 km^2，约占全省总面积的 26.6%；丘陵约 2.96 万 km^2，占全省总面积的 17.7%；平原和盆地面积合计约 9.30 万 km^2，占全省总面积的 55.7%。从成因看，有褶皱构造、断块构造、皱断构造、侵入体构造及单斜构造等作用形成的中山和低山，有侵蚀剥蚀低山和丘陵，有黄土阶地及黄土丘陵，有洪积倾斜平原、洪积冲积平缓平原、冲积河谷带状平原、冲积扇形平原及冲积低平原，还有风成沙丘、沙岗及坡状河滩地和盆地等。

二、河南省气候与水文

（一）气候

河南省大部分地处暖温带，南部跨亚热带，属北亚热带向暖温带过渡的大陆性季风气候，同时还具有自东向西由平原向丘陵山地气候过渡的特征，具有四季分明、雨热同期、气候复杂多样和气象灾害频繁的特点。全省由南向北年平均气温为 15.7 ～ 12.1℃，年均降水量 1 380.6 ～ 532.5 mm，降水以 6 ～ 8 月最多，年均日照 1 848.0 ～ 2 488.7 h，全年无霜期 240 ～ 189 d。

（二）水文

河南省多年平均河川径流量为 312.7 亿 m^3，多年平均浅层地下水资源量为 208.3 亿 m^3，扣除因地面水、地下水相互转化的重复计算量 107.6 亿 m^3，全省多年平均水资源总量为 413.4 亿 m^3。其中省内黄河、淮河、海河、长江流域水资源量分别为 59.7 亿 m^3、250.5 亿 m^3、32.3 亿 m^3、70.9 亿 m^3。从全国看，河南省水资源量占全国水资源总量的 1.47%，居全国第 19 位。河南省人均耕地每公顷平均水资源量相当于全国人均耕地每公顷平均水资源量的 1/5，居全国第 22 位。从全省看，水资源的分布特点是西南山丘区多，东北平原少。豫北、豫东平原 10 个市（安阳、鹤壁、濮阳、新乡、郑州、开封、商丘、许昌、漯河、周口）的水资源量为 126.6 亿 m^3，仅占全省水资源总量的约 30%，人均水资源量为 261 m^3，每公顷平均水资源量为 3 510 m^3；而南部、西部山区 8 个市（信阳、驻马店、南阳、三门峡、洛阳、平顶山、焦作、济源）的水资源量为 286.8 亿 m^3，却占全省水资源总量的约 70%，人均水资源量为 673 m^3，每公顷平均水资源量为 8 895 m^3。

三、河南省植被与植物区系

（一）植物资源

河南省植物资源丰富，种类繁多，根据《河南植物志》（1 ～ 4 册）统计，有维管束植物 197 科、1 191 属、4 473 种及变种。其中蕨类植物有 29 科、73 属、255 种；裸子植物有 10 科、25 属、75 种；被子植物有 158 科、1 093 属、4 143 种。

（二）植被与植物区系特征

1. 植被

河南省植被因受气候和地形的影响，表现出南北不同地带的过渡性和自高山到平原不同环境的复杂性，形成了特有的分布特征。根据自然条件和植物分布特征，河南省植被区可分为北亚热带常绿阔叶林带、落叶阔叶林地带和暖温带落叶阔叶林地带。在这两个带中又可分为四个植被区，即大别及桐柏山地、丘陵常绿、落叶阔叶林植被区，伏南山地、丘陵、盆地常绿、落叶阔叶林植被区，伏牛山北坡、太行山地、丘陵、台地落叶阔叶林植被区和黄淮平原栽培植被区。

（1）大别及桐柏山地、丘陵常绿、落叶阔叶林植被区：北临淮河，东、南两侧至省界，西接南阳盆地栽培植被区。主要包括桐柏山、大别山北部和南阳盆地东侧丘陵地带。本区植被以针叶林、常绿阔叶林、落叶阔叶混交林为主。

（2）伏南山地、丘陵、盆地常绿、落叶阔叶林植被区：位于河南的西南部。西、南至省界，北临伏牛山北坡、太行山地、丘陵、台地落叶阔叶林植被区，东接大别及桐柏山地、丘陵常绿阔叶林植被区。区内地形较为复杂。西部、北部、东部为伏牛山南坡山地丘陵。本区植被具有明显的垂直分布特征。在海拔 1 800 m 以上的山脊分布着铁杉、太白冷杉、华山松林和马桑、绣线菊等灌丛；在海拔 1 800 ～ 1 400 m 的山区，以锐齿栎林、锐齿栎与华山松混交林为主。在海拔 1 400 ～ 800 m 的山区，为栓皮栎和锐齿栎混交林；800 m 以下的山区生长着马尾松林、杉木林等；低山丘陵地区生长着大量的栓皮栎、麻栎林。

（3）伏牛山北坡、太行山地、丘陵、台地落叶阔叶林植被区：西至省界，东与黄淮平原栽培植被区为界，南与北亚热带常绿落叶阔叶林带相接。其地形复杂，南部的伏牛山主脉及其以北的崤山、熊耳山、外方山、太行山等都是较高的山峰。黄河流贯其中，呈南北高、中间低的形势。本区的植被在深山区是以落叶栎类、油松等为主的天然次生林，浅山区大多是旱生型的灌丛和草甸，河川两岸、丘陵和台地为农田。

（4）黄淮平原栽培植被区：西起京广铁路，南至淮河，北、东至省界。全区地势平坦，由西往东逐渐降低，海拔 100 ～ 40 m，是由黄河、淮河冲积而成的平原。该区自然植被全被破坏。主要农作物有小麦、玉米、花生、红薯、棉花、芝麻、大豆等。野生植物以禾本科、菊科、藜科等为主，主要生长在湿地、林地和未利用土地上。

2. 植物区系的基本特征

（1）种类较丰富。据统计，河南省维管束植物有 197 科、1 191 属、4 473 种及变种。其中蕨类植物 29 科，占全国蕨类植物总科数的 55%；裸子植物 10 科，占全国裸子植物总科数的 80%；被子植物 158 科，占全国被子植物总科数的 54%。由此可见，河南省植物种类在全国区系植物中占有一定地位。

（2）起源古老，孑遗植物较多。从地质历史资料看，中生代侏罗纪、白垩纪以来，特别是新生代之后，河南省一直处于相对稳定的温暖湿润的气候条件控制下，气候及自然地理环境相对变化较小，有利于植物的生存和繁衍，因此河南省植物区系成分中有古植物化石和孢子花粉资料可寻，在近代植物区系中还保存着不少古老的科属和孑遗植物。如新生代第三纪见诸化石的蕨类植物有紫萁属（*Osmunda*）、希指蕨孢属长形希指蕨（*Schizaeaoisporites longus*）、白垩希指蕨（*Schizaeaoisporites cretacicus*）等；裸子植物有银杏科（Ginkgoaceae）、柏科（Cupressaceae）、南洋杉科（Araucariaceae）、罗汉松科（Podocarpaceae）、水杉（*Metasequoia glyptostroboides*）、麻黄（*Ephedra sinica*）等；被子植物有漆树科（Anacardiaceae）、槭树科（Aceraceae）、楝科（Meliaceae）、芸香科（Rutaceae）、桑科（Moraceae）、大戟科（Euphorbiaceae）、毛茛科（Ranunculaceae）、桃金娘科（Myrtaceae）、栎属（*Quercus*）、榆属（*Ulmus*）、柳属（*Salix*）、桦属（*Betula*）、鹅耳枥属（*Carpinus*）、核桃（*Juglans regia*）、连香树（*Cercidiphyllum japonicum*）、密叶银桦（*Grevillea densigoeie*）等，在侏罗纪、白垩纪时已经存在。第四纪冰川期，气温普遍下降，波动面也广，对植物分布的影响很大，喜温的植物向南迁移，到气温回升时，部分植物重新迁回，然而由于各地区间冰期的条件不尽相同，植物演化和迁移的方向及距离不一致，为各种植物的生存、繁衍提供了良好条件，植物种类十分丰富。从对化石植物的研究表明，当时森林植物成分主要是栎属（*Quercus*）、松属（*Pinus*）、槭属（*Acer*）、椴树属（*Tilia*）、朴属（*Celtis*）、柿属（*Diospyros*）、云杉属（*Picea*）、冷杉属（*Abies*）、落叶松属（*Larix*）、杨属（*Populus*）、榆属（*Ulmus*）、桦属（*Betula*）、鹅耳枥属（*Carpinus*）、柳属（*Salix*）等属种，这些植物的种类及其分布与现代相近似，因此可以看出河南省植物区系的起源较为古老。

（3）具有一定数量的特有种。植物在地史期由于长期受当地生态环境的影响及植物间的相互作用而形成了特有的植物种类。经过分析，河南省特有种有：河南蒿（*Artemisia honanense*）、河南马先蒿（*Pedicularis honanensis*）、河南蹄盖蕨（*Athyrium honanense*）、嵩县短肠蕨（*Allantodia sunghsienensis*）、河南忍冬（*Lonicera honanense*）、兰考泡桐（*Paulownia elongata*）、河南权叶槭（*Acer robustum* var. *honanense*）、匙叶栎（*Quercus dolicholepis*）、光叶马鞍树（*Maackia tenuifolia*）、河南鹅耳枥（*Carpinus funiushanensis*）、河南杜鹃（*Rhododendron henanense*）、河南海棠（*Malus honanensis*）、大官杨（*Populus* *daknensis*）等。

此外，河南省还有我国的特有种，如香果树（*Emmenopterys henryi*）、青檀（*Pteroceltis tatarinowii*）、连香树（*Cercidiphyllum japonicum*）、蝟实（*Kolkwitzia amabilis*）、山白树（*Sinowilsonia henryi*）、青钱柳（*Cyclocarya paliurus*）、杜仲（*Eucommia ulmoides*）、文冠果（*Xanthoceras sorbifolia*）、枳椇（*Hovenia acerba*）、山拐枣（*Poliothyrsis sinensis*）、水青树（*Tetracentron sinense*）、侧柏（*Platycladus orientalis*）、大血藤（*Sargentodoxa cuneata*）、串果藤（*Sinofranchetia chinensis*）等。

四、珍稀植物资源研究现状

（一）中国珍稀植物概况

1984 年 7 月，国务院环境保护委员会公布了中国第一批珍稀濒危保护植物，共 354 种（其中 1 个亚种，21 个变种），包括蕨类植物 9 种，裸子植物 68 种，被子植物 277 种。列为Ⅰ级保护的 8 种，Ⅱ级保护的 143 种，Ⅲ级保护的 203 种。1987 年出版的《中国珍稀濒危保护植物名录（第 1 册）》增加了 35 种，共 389 种（其中 1 个亚种，24 个变种），包括蕨类植物 13 种，裸子植物 71 种，被子植物 305 种。列为Ⅰ级保护的 8 种，Ⅱ级保护的 159 种，Ⅲ级保护的 222 种。1999 年 8 月 4 日，国务院批准的国家林业局、农业部申报的《国家重点保护野生植物名录（第一批）》列入植物 419 种 13 类（指种以上的科或属等分类单位）。其中，Ⅰ级保护的 67 种 4 类，Ⅱ级保护的 352 种 9 类，包括蓝藻 1 种，真菌 3 种，蕨类植物 14 种 4 类，裸子植物 40 种 4 类，被子植物 361 种 5 类。另外，桫椤科（Cyatheaceae）、蚌壳蕨科（Dicksoniaceae）、水韭属（*Isoetes*）、水蕨属（*Ceratopteris*）、苏铁属（*Cycas*）、黄杉属（*Pseudotsuga*）、红豆杉属（*Taxus*）、榧属（*Torreya*）等 13 类的所有种（约 1 300 种），全部被列入名录。

本文中的国家重点保护野生植物是指国务院 1999 年 8 月 4 日批准的国家林业局、农业部申报的《国家重点保护野生植物名录（第一批）》所引入的植物。

（二）河南省珍稀植物

1. 分布

河南省野生植物资源丰富，已列入《国家重点保护野生植物名录（第一批）》的珍稀植物有 27 种，国家Ⅰ级保护的 3 种，Ⅱ级保护的 24 种。其中裸子植物 10 种，分属 3 科、7 属；被子植物 17 种，分属 12 科、15 属。主要有红豆杉（*Taxus chinensis*）、南方红豆杉（*Taxus chinensis* var. *mairei*）、秦岭冷杉（*Abies chensiensis*）、大别山五针松（*Pinus fenzeliana* var. *dabeshanensis*）、连香树（*Cercidiphyllum japonicum*）、香果树（*Emmenopterys henryi*）等。列入河南省重点保护植物的有 98 种，分属 36 科、67 属。

河南省珍稀植物的地理分布，明显受到水、热因素的限制而表现出具有水平地带性和垂直地带性的分布规律。在不同的纬度带、经度带和垂直高程分布有不同的种类。

（1）水平分布。河南省南北纬度约5°，因而水、热的分布由南向北递减，与此相关的河南植被和植物种类分布就产生了纬向性的变化。以伏牛山主脊—淮河干流一线为界，植被分布的纬度方向分属于两个植被带。界线以南为北亚热带气候，相应出现了常绿落叶阔叶林植被带。现存珍稀植物众多，除两个植被带都有分布的类型外，还有大别山五针松、金钱松、银鹊树、紫茎、香果树、独花兰、杜仲、大果青杆、水青树、秤锤树、黄山木兰、天竺桂、楠木、红豆树等。界线以北则为暖温带气候，相应为落叶阔叶林植被带。这一植被带虽然比北亚热带跨度大，但现存珍稀植物种类却相对较少。除两个植被带共有分布的种类外，仅有连香树、太行花、领春木、紫斑牡丹、金钱槭、胡桃楸、水曲柳、蝟实、无喙兰等。

在北亚热带气候区域，由于伏牛山南坡、南阳盆地与大别山、桐柏山区的地理位置和环境条件不同，珍稀植物种类亦有差异。西部及西南部地区，因有伏牛山作为天然屏障，受西伯利亚寒流的影响较弱；又因南阳盆地向南开口，而江汉平原的气候对该地区产生了较大的影响，致使伏牛山以南地区气候温暖温润，雨量充沛，为植物的生长发育提供了优越的条件。而且该区峰峦叠嶂，山体高大，海拔高差悬殊，植被垂直带谱明显，适宜生长各种各样的植物。所以珍稀濒危植物种类最多，约占全省珍稀植物种数的65%，其独有分布的植物就有大果青杆、秦岭冷杉、水青树、杜仲、银鹊树等。

南部和东南部的桐柏及大别山地是河南省水、热资源最丰富的地区。植物种类分布明显地反映出北亚热带植物地带性的特征，在落叶阔叶林中含有一定数量的常绿树种，如珍稀植物楠木、闽楠、天竺桂等；本区独有的珍稀植物有楠木、闽楠、大别山五针松、金钱松、黄山木兰、秤锤树、红豆树等。

河南省珍稀植物分布亦受到经度地带性的影响。植物分布的经度地带性主要取决于夏季东南季风强弱所引起的降水量的多少。河南省东南部受东南季风影响较大，年降水量为1 000～1 300 mm，因此，在此区分布的植物常出现较多的喜温湿的华东成分的表征植物。在珍稀植物中，有原产浙江天目山的天目木姜子、独花兰，原产安徽的黄山木兰及原产江苏的秤锤树、明党参等。

（2）垂直分布。河南省山地面积广阔，在豫西山地和太行山中，海拔接近2 000 m或超过2 000 m的山峰有十多座，一般来说，自然景象的垂直带谱都是比较明显的。由于各种珍稀植物的生态适应性不同，因而它们所分布的海拔高度也不一样。分布在海拔高度不超过1 000 m的河南珍稀植物有黄山木兰、天竺桂、闽楠、秤锤树、天目木姜子、野大豆等；分布在海拔800～1 500 m范围内的种类有山白树、刺五加、八角莲、紫茎、金钱槭、胡桃楸、杜仲、金钱松、香果树、水青树、领春木、青檀、楠木、蝟实、天麻、无喙兰和红豆树等；分布在海拔1 000～1 800 m范围内的种类有水曲柳、大别山五针松、连香树、麦吊云杉、紫斑牡丹等；分布在海拔1 800 m以上的种类有秦岭冷杉。另外还有太行花、大果青杆和银鹊树3种，它们仅在海拔1 000～1 200 m的狭窄带内才有分布。

从上述垂直分布情况看，分布在海拔1 000 m以下的种类，基本上都是喜生于温暖而湿润的山沟或山谷植物，且分布于伏牛山—淮河干流以南的山地，并常生于自然植被生长较好的林间环境。海拔800～1 800 m范围内的珍稀植物种类最为集中，有70%以上分布在这一垂直带内，处于落叶栎林或栎类和针叶树混交林植被带中。这一垂直地带通常面积宽广，地貌类型复杂多样，植物生长环境条件变化较大，水热条件也较充足。同时山体高大，人为活动影响远小于海拔800 m以下的山地。因此，分布于这一地带植物种类最多，也保存有较多的珍稀植物。

2. 生态适应性特点

根据河南省珍稀植物的气候和物候观测数据，河南珍稀植物生态分布共有三个特点、六种分布类型和两种生长表现。

（1）珍稀植物生态分布特点。

1）南北过渡、交错分布的特点。河南省地处北亚热带与南暖温带的过渡地区，植物地理分布具有南北过渡特色，珍稀植物亦表现出各种区系成分的交错分布。如仅在伏牛山区分布的珍稀植物中就有华南热带区系成分的天竺桂，华中亚热带区系成分的紫茎、杜仲、山白树、青檀、天麻等，西南亚热带区系成分的秦岭冷杉、大果青杆、连香树、水青树、领春木、金钱槭等，华东亚热区系成分的天目木姜子、银鹊树、独花兰等，西北、华北暖温带区系成分的蝟实、紫斑牡丹等，东北温带区系成分的水曲柳、核桃楸、刺五加等，青藏高原区系成分的延龄草。各种类型植物共处于这一地区，明显具有多方交汇、南北兼容的分布特点。这种过渡地带的植物生态分布状况为我们今后保存物种，引种南北珍稀濒危植物，扩大其种群数量和分布范围提供了极其有利的条件。

2）地理分布生态脆弱性的特点。由于河南省处于我国南北气候、植被的过渡区，它不仅是许多亚热带珍稀植物的分布北界，也是一些暖温带植物的分布南缘。前者如楠木、大别山五针松、金钱松、银鹊树、红豆树、紫茎等，主要自然分布区在华中、西南及华东等亚热带地区，以伏牛山—淮河一线为其分布区的北界；后者如水曲柳、胡桃楸、紫斑牡丹等主要自然分布区在华北、东北的暖温带、温带地区，河南省已成为它们分布的南缘地带。这些生长于分布区边缘的地带植物，无论是植物本身的起源性质，还是边缘地带的水、热、土壤生态因素的作用，它们的生长发育与种群的分布迁移，受生态因素的限制作用普遍而强烈，常常表现出种群数量和质量的临界性。有的植株数量已经减少到快要绝迹的程度，如大别山五针松、银鹊树只保留了 10 余株，大果青杆残存 5 株。它们经常生存于比较脆弱的生态环境，一遇环境变迁，植被衰退，小气候恶化，就容易陷入濒危境地。珍稀植物分布生态的脆弱性，反映出保护物种首先要保护好生存环境的重要性。

3）分布地域局限性的特点。就河南全省范围而言，珍稀植物在平原、丘陵区多已绝迹。大多数种类生长于深山峡谷林地之中。由于小地形所形成的小气候环境，对水、热条件的不足能起到良好的补偿作用，所以现存亚热带成分的珍稀植物大多局限分布在这些特殊区域，而且分布不连续，植物数量少。而一些耐土壤干旱、瘠薄的种类，如太行花、大别山五针松和石斛类植物等，仅生长在阴坡、半阴坡陡崖缝隙之中，分布范围极为狭窄。河南省珍稀植物分布范围的局限性，反映了它们对环境的适应及抵抗外来不良因素影响的能力较弱，更新繁殖较难，容易形成渐危或濒危状态。而种群分布零散，数量稀少，更增加了物种保护的难度。

（2）珍稀植物生态分布类型。由于植物本身适应生态幅度的差异性，现存珍稀植物的生态分布有以下六种类型。

1）避风湿润闭塞山坡谷地植物。这类植物喜温暖湿润、土壤富含腐殖质的林地环境，生态适应性较差，如樟科树种、连香树、水青树、紫茎等。

2）沟壑杂木林地植物。生于空气湿润、荫蔽的山沟和河溪两旁的杂木林地，如领春木、金钱槭、香果树、山白树、银鹊树等。

3）*树林阴性植物*。这类植物喜湿耐阴、怕风，不耐直射光照，常生于天然森林林冠下和灌丛之中，如延龄草、天麻、八角莲、独花兰、无喙兰等。

4）*石隙植物*。多分布于半阳坡陡崖岩缝、石隙之中，如太行花、黑节草、霍山石斛等。

5）*高寒山地植物*。分布于海拔 1 800 m 以上的寒冷湿润、云雾多、风大的中高山地区，如秦岭冷杉、高山柏、河南杜鹃等。

6）*广泛分布的植物*。这类植物个体分布面广，对生境要求不严格，个体数量较多，自然繁殖能力也较强。如全省山区、平原均有分布的野大豆，各大山区均有分布的青檀、天麻等。

现存珍稀植物除了极少数适应性较强、分布较广泛的种类外，大多要求有良好的森林生态环境，或者是特殊的小地形环境条件，生态“领域性”较强、表现出生境幅度比较窄的特点。因此在种群扩大分布方面受到诸多因素的限制，而较为适宜于在原生境或近似生境地进行保护和繁殖。

（3）珍稀植物生长表现。河南省珍稀植物生长表现有两种情况。

1）*多属慢生性树种*。河南省现存的野生珍稀植物多属于慢生树种，现存数量不多、生长缓慢，一旦被砍伐破坏，就很容易陷入濒危的境地，即使再生长成大树，亦需要数十年甚至百年以上的时间。

2）*生长量较原产地或中心分布区为少*。据研究，以秦岭冷杉、水曲柳、银鹊树等种类野生珍稀植物生长量较原产地或中心分布区为少，其主要是受植物本身起源性质和边缘地带性生态因素影响所致。它们影响植物生长的主要因子温度、雨量和相对湿度等均不如亚热带区但高于温带区，在日照时数上则高于亚热带区而低于温带区。在自然情况下，边缘分布区的植物生长一般不如中心分布区。从河南省现在珍稀植物的种群量和生长表现来看，都反映出它们种群量和质的临界性，在生态适应性和生长状况方面表现出“边缘性”特点。

（三）对河南省珍稀植物的保护措施和建议

保护物种、防止植物种质资源绝灭，是一个涉及多个部门以及政策、立法、体制管理、科学研究、经济贸易等多方面的复杂的问题，需要有综合性的保护对策。根据河南省珍稀植物现状和管理中存在的问题，提出以下保护策略。

1. 加强领导，落实归口管理机构

野生珍稀植物资源的保护与发展工作涉及多个部门，调动有关资源利用单位的积极性和发挥自然保护区的功能，需要有一个统一的归口管理。省内要建立一个有职能的主管机构，统筹、协调、监督和支持保护工作。通过各级林业、牧业、医药、外贸等部门制定规划，共同管理，协调保护与利用的矛盾，解决资源保护工作中出现的问题。

2. 广泛开展珍稀植物资源保护的宣传教育

物种保护是全民的事业。宣传教育群众，提高自然保护意识，使保护植物资源的艰巨任务建立在广泛的群众基础之上，是保护好物种资源的关键。要运用多种形式，持续地宣传植物资源与经济建设的关系，资源保护与合理利用的整体效益，自然资源保护的方针、法规，增强群众的环境意识和法制观念，宣传自然保护科学知识，调动群众热爱自然和保护自然资源的积极性，培养保护自然的良好风尚。只有广大

群众动员起来，才能有效地保护好野生珍稀植物种质资源。

3. 加强就地保护和近地保护工作

（1）就地保护。这是在珍稀植物野外分布区建立起自然保护区或保护小区等保护性区域，并采取相应保护措施，使珍稀植物在原生境得到有效保护的方法。河南省已批准建立了多个自然保护区，为全省的珍稀植物种质资源的保护提供了极其有利的条件，是保护、发展和研究珍稀植物的基地。自然保护区在发展经济价值高的珍稀药用植物、土产特产植物等方面具有很大潜力，建立珍稀植物繁殖基地，开展多种经营，是保护珍稀植物资源、为社会经济服务、增加经济收入的重要手段。实践证明，建立自然保护区是珍稀植物就地保护的一种行之有效的途径，保护珍稀植物在加强保护区、保护小区保护的同时，针对一些珍稀植物零星分布区，可以通过建立保护点的方式加以保护。

（2）近地保护。这是针对一些珍稀植物对生境或环境条件具有极其苛刻的生态生物学特性要求而提出的一种新的保护措施。在进行近地保护的珍稀植物现有分布区（点）附近，植被保护状况良好的自然保护区、森林公园、林场等地，选择与保护目标植物相同或相似的生境，开展近地保护基地和保护点建设。近地保护将通过近地保护种群的建立、管护和监测，最终形成自我繁衍、自我维持，并与自然生态系统协调、稳定发展的种群。

4. 建立珍稀植物迁地保护

迁地保护是通过对珍稀野生植物的异地保存，一方面扩大种群，另一方面将其保存在多个地点，以减少风险，从而达到保障珍稀物种长期生存并有效保存遗传多样性的目的。

根据河南省珍稀植物分布特点，应在太行山、伏牛山北坡、伏牛山南坡、大别山各设置一处迁地保护基地，开展全省的珍稀植物迁地保护工作。

5. 开展野外回归和种群驯化工作

野外回归是指在迁地保护或人工扩繁的基础上，将人工培育的植株，选择与原生地相近的自然或半自然的适宜生境，重新建立该物种种群。

通过开展珍稀物种的野外回归工作，增加物种种群数量，是珍稀植物保护的一种直接有效的方法。对经济价值较高的珍稀物种通过种群驯化，积极开展人工繁育和栽培，增加物种人工种群数量，满足经济需求，减少对野生资源的依赖，也是一种间接保护野生种群数量的好方法。

6. 加强珍稀植物资源的研究

从河南省实际出发，应开展以下几个方面的研究工作：① 对珍稀植物进行种群消长规律、威胁性病虫害、天然更新或人工促进天然更新，以及恢复和扩大种群数量的研究。②运用植物形态学、组织培养学方法探讨加速珍稀濒危植物繁殖机制，进行物种繁殖生物学的研究。③面向经济建设，开展对经济价值高的珍稀濒危植物，如特种药用、油料、食品、抗逆性植物的有效成分分析，挖掘新植物资源的试验研究。④开展对引种珍稀植物生长发育规律、生态适应性、遗传变异性，以及提高植物适应幅度和生产力栽培技术措施的研究。⑤对经济价值高、繁殖困难的珍稀濒危植物开展组织培养、单倍体育种等新技术的研究。⑥开展野生植物资源的有效管理、保护和持续利用的研究。

7. 加强行业管理，促进产业发展

植物是一项可以再生的自然资源，保护这项资源既能维护和改善人类生存的自然生态环境，又能提供大量产品，丰富人们的物质文化生活。在不断加强保护工作的同时，要按照分类和分级指导的原则，制定产业发展规划，配套技术法规，优惠扶持政策。对已经人工繁育成功、市场前景比较大的一些物种进行有序利用，开展野生植物观赏、旅游等活动。

8. 建立珍稀植物监测网

在河南省设立监测中心，在相关的地市如洛阳、南阳、三门峡、济源、信阳、焦作、平顶山等设立监测站，在野生植物资源丰富地区和珍稀濒危植物主要栖息地的所在县设立监测点，建立全省野生植物资源监测网，及时了解掌握珍稀野生植物资源的动态变化情况及野外生存状况，有针对性地采取防护措施。

第二部分

国家重点保护野生植物

河南省列入《国家重点保护野生植物名录（第一批）》的珍稀植物有27种，分属15科、22属。

一、银杏科 Ginkgoaceae

（一）银杏属 *Ginkgo*

1. 银杏 *Ginkgo biloba*

别名　白果树、公孙树

形态特征　落叶乔木，高达 40 m，胸径可达 4 m。树皮灰褐色深纵裂，一年生长枝淡褐黄色，短枝黑灰色。叶扇形，两面淡绿色，秋季落叶前变为黄色。叶有长柄，叶脉叉分。长枝上叶互生，短枝上叶簇生。雌雄异株，稀同株，雄球花 4 ～ 6 朵，生于短枝顶端，下垂；雌球花数朵生于短枝顶端叶丛中。种子核果状，熟时黄色或黄橙色，被白粉。花期 3 ～ 4 月，种子成熟期 9 ～ 10 月。

银杏叶

分布与生境　河南省主要分布在嵩县白河镇白河村。生于海拔 500 ～ 1 000 m 的酸性土壤、排水良好地带的天然林中。山区、平原名胜古迹和寺庙中有栽培。

生态习性　阳性树，喜光、深根性，稍耐旱，不耐严寒及全年湿热，以土层湿润、排水良好的中性及微酸性的沙壤土中生长最好；不耐盐碱。

保护价值　国家Ⅰ级重点保护野生植物。

银杏是现存种子植物中最古老的孑遗植物，为我国特有，寿命极长，可达数千年。木材结构致密，有光泽，可作建筑、家具、雕刻用材。银杏叶中提取物可以“捍卫心脏，保护大脑”。已知其化学成分的银杏叶提取物多达 160 余种，主要有黄酮类、萜类、酚类、白果醇、白果酮等。

银杏树高大挺拔，无病虫害，不污染环境，春夏翠绿，深秋金色，是理想的园林绿化树种。

银杏

银杏果

二、松科 Pinaceae

（二）冷杉属 *Abies*

2. 秦岭冷杉 *Abies chensiensis*

别名（冷杉、陕西冷杉）

形态特征 常绿乔木，高达50 m；树皮粗糙，剥落成方形块状片。一年生枝淡黄色或灰色、淡黄色或淡黄褐色，果枝之叶先端尖或钝，树脂道中生或近中生；营养枝树脂道边生；叶螺旋状互生，条形，叶基扭曲，排成两列状，上面亮绿，中脉凹陷，背面有两条灰绿色气孔带，中脉隆起；球花生于去年生叶腋，球果圆柱形或卵状圆柱形，果长7～11 cm，苞鳞长约种鳞的1/2，不外露，上部近圆形，中央有短急尖头，中下部近等宽，基部渐窄。

与巴山冷杉的主要区别：巴山冷杉叶的树脂道中生。球果苞鳞与种鳞等长或稍长。

秦岭冷杉叶的树脂道边生，果枝叶的树脂道中生。球果的苞鳞长为种鳞的1/2。

分布与生境 陕西秦岭为本种的集中分布区。河南主要分布在内乡宝天曼、嵩县龙池曼、南召乔端、鲁山尧山（石人山）及灵宝小秦岭。群落零星分布于海拔1 800 m以上的巅峰和岭脊，以

秦岭冷杉

河南伏牛山国家级自然保护区石人山管理局分布的种群面积较大。通常生于山汽溪旁及阴坡。

生态习性　喜湿润凉爽气候，多分布于阴坡和沟谷，阳坡极少。喜土层较厚、富含腐殖质的棕壤土。

保护价值　国家Ⅱ级重点保护野生植物。

秦岭冷杉为我国特有的珍稀树种。分布区狭窄，数量极少，濒临灭绝。木材纹理直，材质轻软，为建筑、纤维工业、火柴等用材。树皮含冷杉树脂，可提取冷杉胶；针叶芳香油含量0.2%～0.6%，种子含油率30%；茎秆髓部含淀粉约27.44%。根状茎具清热解毒等功效；削去外皮的髓部可作药用，能祛风湿，强筋骨，清热止咳。球果被称为“松墨子”，可入药，有调经活血、止血安神的功效。秦岭冷杉树势挺拔优美，常年浓绿，为很好的园林绿化树种。

秦岭冷杉球果与花序

秦岭冷杉球果

秦岭冷杉雄球花

（三）云杉属 *Picea*

3. 油麦吊云杉 *Picea brachytyla* var. *complanata*

别名 白泡、垂枝云杉

形态特征 常绿乔木，高15～30 m。树皮灰色，裂成薄鳞片状块片脱落；大枝平展而轮生，侧枝细而下垂。当年生枝淡黄色或褐黄色。雌雄同株，雄球花单生叶腋，雌球花单生枝顶。球果当年成熟，下垂，长圆状圆柱形或圆柱形，长6～12 cm，径2.5～3.8 cm，熟时褐色或微带紫色；种鳞近革质，宿存，中部种鳞倒卵形，上部圆而排列紧密，或上部三角状则排列疏松。种子连翅长约1.2 cm。花期4～5月，球果9～10月成熟。

油麦吊云杉叶

与麦吊云杉的区别：麦吊云杉树皮淡灰色或灰色，裂成薄鳞状块片脱落；球果成熟前红褐色、紫褐色或深褐色。

分布与生境 河南省主要分布于西峡、嵩县、卢氏、栾川、灵宝等地。垂直分布于海拔1 700～2 100 m的山地中，常与青杆、云杉、铁杉、冷杉混交或散生于针阔叶混交林中。

生态习性 耐阴、耐寒，喜凉爽湿润的气候和肥沃深厚、排水良好的微酸性沙壤土。生长缓慢。为浅根性树种。

保护价值 国家Ⅱ级重点保护野生植物。

油麦吊云杉是麦吊云杉的变种，为我国特有的珍贵树种，分布区域窄，植株数量极少。木材通直，切削容易，无隐性缺陷，可作电杆、枕木、建筑、桥梁用材，还可用于制作乐器、滑翔机等，同时还是造纸的原料。

油麦吊云杉球果与叶

4. 大果青杆 *Picea neoveitchii*

别名　青杆杉、细叶云杉

形态特征　常绿乔木，高 8 ～ 15 m。树皮灰色，裂成鳞状块片脱落。小枝有木钉状叶枕，无毛，淡黄色或淡黄灰色，基部芽鳞不反曲；一年生枝淡灰黄色，二三年生枝灰色。叶四棱状线形，两侧扁，长 1.5 ～ 2.5 cm，先端锐尖，四边有气孔线，上面每边 5 ～ 7 条，下面每边 4 条。球果单生侧枝顶端，下垂，矩圆状圆柱形或卵状圆柱形，长 8 ～ 14 cm，径 5 ～ 6.5 cm，熟前绿色，后呈褐色；种鳞宽大，倒卵状五

大果青杆球果与叶 1

大果青杆球果与叶 2

大果青杆球果

角形、斜方状卵形或倒三角状宽卵形，长约 2.7 cm，宽 2.7 ～ 3 cm，先端宽圆或成钝三角形；苞鳞小；种子连翅长约 1.6 cm。花期 5 月，球果 9 ～ 10 月成熟。

与青杆的主要区别：一年生枝较粗，淡黄色或微带褐色，叶两侧扁，横切面纵斜方形（高大于宽）。

分布与生境　河南省仅见于内乡宝天曼自然保护区阔叶林中。生于海拔 1 200 m 的山坡。对生境要求比较严格，通常只生于自然植被保存比较完整的山谷沟底或山坡下部及半阴坡岩石缝隙中。

生态习性　喜湿、耐寒。适宜冬冷夏凉，秋季多雨，湿度大，年平均温度 10 ～ 12 ℃，年降水量 700 ～ 900 mm 的气候。喜微酸性、棕壤土。稍喜光，根系发达，在湿度较大、空气湿润、土壤水分充足时，天然更新良好。

保护价值　国家Ⅱ级重点保护野生植物。

大果青杆为我国特产的珍贵稀有树种。生境狭窄，种群数量极少，已濒临灭绝。木材用于房屋、电杆、舟车、家具及纤维行业等。树形整齐，树冠塔形，针叶碧绿，球果硕大，是很好的观赏树种。

（四）松属 *Pinus*

5. 大别山五针松 *Pinus fenzeliana* var. *dabeshanensis*

别名 青松、果松、安徽五针松

形态特征 常绿乔木，高达 20 m，胸径 50 cm。树冠塔形，树皮棕褐色，浅裂成不规则小长方块薄片而脱落。一年生小枝淡黄褐色，无毛。冬芽卵圆形，叶 5 针 1 束，长 5 ～ 14 cm，细瘦，仅腹面每侧有 2 ～ 4 条气孔线；横切面三角形，背有 2 个边生树脂道。球果圆柱状椭圆形，长约 15 cm，径 4 ～ 5 cm；种鳞上部边缘显著向外反曲；种子有木质短翅。花期 4 ～ 5 月，球果翌年 9 ～ 10 月成熟。

与华山松的主要区别：大别山五针松一年生枝淡黄色或微带褐色，常被薄蜡层；针叶常较细柔；球果圆柱状椭圆形，种鳞的先端（即鳞盾的上部先端）向外反卷；种子倒卵状椭圆形，上端具木质短翅，种皮较薄，褐色。华山松一年生枝绿色或灰绿色，微被白粉；球果圆锥状长圆形，种鳞先端不反卷或微反卷；种子卵形或卵圆形，无翅或两侧及顶端具棱脊。

分布与生境 安徽西部及湖北北部的大别山区为中心分布区。河南主要分布在商城金刚台平顶铺。自然分布在海拔 800 ～ 1 400 m 的中山地带，生于针、阔叶树林的悬崖石缝中，伴生乔木有黄山松、化香、栓皮栎等。

生态习性 属阴性树种，具有一定的耐寒、抗风、抗旱能力。其生长土壤为山地黄棕壤，要求土壤肥力一般。

保护价值 国家Ⅱ级重点保护野生植物。

我国特有树种，仅在湖北、安徽、河南大别山局部地区残留少量植株，零星分布，资源极少。还是华东植物区系的稀有种，对于研究古植物区系与古地理气候的演变具有重要的科学价值。材质优良，木材可作建筑、家具等用材。种子可榨油。树姿优美，叶细柔翠绿，可作为绿化观赏树种。

大别山五针松球果与叶

大别山五针松叶

（五）金钱松属 *Pseudolarix*

6. 金钱松 *Pseudolarix amabilis*

别名　金松、荆皮树

形态特征　落叶乔木，高达 40 m。树干通直，树皮灰褐色，深裂成不规则鳞片状。枝具长枝和短枝。叶条形，扁平，柔软，长 3 ～ 7 cm。在花枝上螺旋状互生。在短枝上簇状密生，辐射平展。秋季叶呈金黄色，圆如铜钱。雌雄同株，雄球花黄色，圆柱状，下垂；雌球花紫红色，椭圆形，直立，有短梗。球果直立，卵圆形，长 6 ～ 7.5 cm，直径 4 ～ 5 cm，成熟时淡红褐色。种子卵圆形，有与种鳞近等长的种翅。花期 4 ～ 5 月，球果 10 ～ 11 月成熟。

分布与生境　河南省商城旗架岭、固始武庙黄岭山坡上有零星分布。罗山、鸡公山等地有栽培。在江苏、浙江等地多生于海拔 1 500 m 以下山地的针、阔叶林中。

生态习性　金钱松为亚热带树种，适生于温暖湿润的气候和深厚肥沃、排水良好的酸性或中性土壤。不耐干旱瘠薄，也不适于盐碱地和积水低洼地。

保护价值　国家Ⅱ级重点保护野生植物。

金钱松是我国特有的单种属植物，为第三纪古热带区系的残留树种。树干通直，材质优良，可供建筑用材，为亚热带地区的珍贵造林树种。种子可榨油，根皮药用。树姿优美，叶在短枝上簇生，辐射平展成圆盘状，似铜钱，深秋叶色金黄，极具观赏性，是名贵的庭园观赏树种，与南洋杉、雪松、日本金松和巨杉合称为世界五大庭园树种。

金钱松

金钱松叶

三、红豆杉科 Taxaceae

（六）红豆杉属 *Taxus*

7. 红豆杉 *Taxus chinensis*

别名 紫杉、赤柏松

红豆杉

形态特征 常绿乔木，高 30 m，胸径达 1 m。树皮灰褐色或黑褐色，长片状脱落。一年生小枝绿色，二三年生枝黄褐色；冬芽鳞片背部圆或有钝棱脊；叶螺旋状互生，基部扭转为二列，条形，常直伸或略弯成镰状，长 1 ～ 2.5 cm，宽 2 ～ 2.5 mm，先端渐尖或微急尖，边缘反曲，叶背面中脉两侧有 2 条宽黄绿色或灰绿色气孔带，中脉上密生均匀圆形的乳头状突起。雌雄异株。球花单生于叶腋。种子扁卵圆形，有 2 条棱，生于红色肉质状的杯状假种皮中，种脐卵圆形。花期 3 ～ 6 月，种子 10 月成熟。

分布与生境 分布于伏牛山、太行山等。生于海拔 1 000 m 以上的山沟或阴坡杂木林中，多呈散生状分布。

生态习性 亚热带树种，浅根性植物，主根不明显、侧根发达。喜温暖湿润气候，适生于深厚肥沃、排水良好的酸性土壤。

保护价值 国家Ⅰ级重点保护野生植物。

红豆杉是我国特有珍稀树种，是经过第四纪冰川遗留下来的古老孑遗树种。药用价值极高，从红豆杉树皮和枝叶中提取的紫杉醇，是目前国际上公认的广谱性、强活性抗癌药物，具有独特的抗癌机制；在国际市场上，紫杉醇售价 18 万美元 / kg。可用于治疗晚期乳腺癌、肺癌、卵巢癌及头颈部癌、软组织癌和消化道癌。红豆杉的根、茎、叶都可入药，具有利尿消肿，治疗糖尿病、肾炎水肿、小便不利、淋病等功效。红豆杉木材纹理直，坚实耐用，花纹美丽，可作高档家具、钢琴外壳等用材。树形美丽，寿命长，亦可用于城市园林绿化。

红豆杉叶

红豆杉叶与种子

红豆杉种子

8. 南方红豆杉 *Taxus chinensis* var. *mairei*

别名 红豆杉、紫杉

形态特征 常绿乔木，高达 30 m，胸径 1.3 m。老树皮赤灰色，呈长薄片剥落。芽鳞顶端钝或稍尖，叶螺旋状着生，排成二列，条形，微弯，近镰状，通常长 3 ～ 3.5 cm，宽 2.5 ～ 3.5 mm，先端微急尖或渐尖，上面中脉隆起，背面有两条黄绿色气孔带，边缘不反曲，中脉淡绿色，与气孔带色泽有别，其上局部有片状或零星分布的角质乳头状点。雌雄异株。球花单生叶腋。种子倒卵形或宽卵形，微扁，生于红色肉

南方红豆杉

质的杯状假种皮中。花期5月，种子9月中旬至10月中旬成熟。

与红豆杉的主要区别：叶较宽长，多呈镰状，通常长2～3.5（4.5）cm，宽3～4（5）mm，中脉明晰可见，中脉带色泽与气孔带不同，呈淡黄色或绿色。种子较大，多呈倒卵形。

分布与生境　分布于秦岭以南山地，河南省主要分布于济源天坛山及黑龙沟、修武云台山、灵宝小秦岭等地。垂直分布海拔1 000～1 500 m，在常绿阔叶林和落叶阔叶林中呈星散分布。

生态习性　南方红豆杉在河南省山区对生境条件要求严格，多在潮湿荫蔽的天然林或河溪两旁的杂木林中生长。喜荫蔽湿润和土层深厚、富含有机质的林地环境。对空气和土壤湿度要求较高，干旱多风的山地绝无生长。

保护价值　国家Ⅰ级重点保护野生植物。

南方红豆杉为我国特有的第三纪孑遗树种。在河南太行山区已达分布北界，是太行山原生森林的遗物，对于研究华北的古气候地理和植物区系具有重要价值。边材黄白色，心材赤红，质坚硬，纹理致密，形象美观，不翘不裂，耐腐力强，可作建筑、高级家具、室内装修、车辆、铅笔杆等用材。枝叶可提取紫杉素入药；树皮含单宁；种子含油量较高，可榨油，是驱蛔、消积食的珍稀药材。

南方红豆杉种子与叶

南方红豆杉叶

（七）榧树属 *Torreya*

9. 球果香榧 *Torreya fargesii*

别名 巴山榧树、崖头杉

形态特征 常绿乔木，高达 12 m，树皮深灰色，不规则纵裂。小枝常 3 分枝平展于每节上或数个轮生。叶螺旋状排列，叶基扭转呈二列，条形或披针状条形，长 1.3 ～ 3 cm，宽 2 ～ 3.5 mm，先端渐尖，具刺状短尖头，上面亮绿色，无明显隆起的中脉，常有 2 条较明显的沟槽；下面淡绿色，有 2 条浅褐色、较窄的气孔带。种子卵圆形、球形或宽椭圆形，长 2 ～ 2.5 cm，顶端具小凸头，假种皮微被白粉。花期 4 ～ 5 月，种子 9 ～ 10 月成熟。

与香榧的主要区别：球果香榧叶基部宽楔形，背面有 2 条褐色较绿边窄的气孔带。种子胚乳周围不规则向内深皱。

分布与生境 河南省主要分布在商城黄柏山、金刚台。生于海拔 1 000 m 的杂木林中。

生态习性 亚热带树种，偏阴性，要求温暖湿润的气候，以及肥沃深厚、排水良好的林地环境。

保护价值 国家Ⅱ级重点保护野生植物。

球果香榧为我国特有树种，亦是古老残遗植物之一。属秦巴山脉植物区系的特征种。材质坚硬，供建筑、家具、农具之用。种子榨油，供食用或工业用。可作庭园观赏树种。

球果香榧

球果香榧果实

球果香榧果实与叶

10. 香榧 *Torreya grandis*

别名　榧树、羊角榧

形态特征　常绿乔木，高达 25 m。树皮灰色或灰褐色，不规则纵裂。小枝近对生或轮生。叶螺旋状着生两列，条形，长 1.2 ～ 2.5 cm，宽 2 ～ 4 mm，先端急尖，有刺状短尖头，基部圆形，上面微凸，无明显中脉，下面有 2 条与中脉近等宽的窄气孔带。雌雄异株，雄球花单生于叶腋，雌球花成对生于叶腋。种子椭圆形、倒卵形或卵圆形，长 2 ～ 4.5 cm，全包于肉质假种皮中，熟时假种皮淡紫褐色，胚乳微皱。花期 4 ～ 5 月；种子翌年 10 月成熟。

与球果香榧的主要区别：叶基部圆或微圆，种子胚乳周围向内微皱。

香榧种子

香榧雄球花

香榧雄球花与叶

分布与生境　河南省产于商城黄柏山。生于山沟杂木林中。鸡公山、洛阳等地也有栽培。

生态习性　喜光，耐阴，喜温暖湿润气候及黄壤、红壤和黄褐土，不耐积水涝洼和干旱贫瘠。

保护价值　国家Ⅱ级重点保护野生植物。

香榧为我国特有树种，木材黄白色，致密而富弹力，耐朽、不翘裂，又少虫蠹，易供造船及建筑、桥梁、家具及器具等用。种子为著名的干果——榧子，香榧果营养价值极高，味香美，可生食或炒食，能驱肠道寄生虫；榨油可供食用及工业用。假种皮及叶可提取香榧油。抗污染能力较强，对烟害的抗性较强，病虫亦较少，因而可用作厂区绿化，减轻污染。适应城市生态环境，街头绿地、工矿区都可以种植，是绿化用途广、经济价值高的园林树种。

四、连香树科 Cercidiphyllaceae

（八）连香树属 *Cercidiphyllum*

11. 连香树 *Cercidiphyllum japonicum*

别名 五君树、紫荆叶木

连香树

形态特征 落叶乔木，高达25 m，胸径达1 m。树皮灰色或棕灰色，纵裂，呈薄片状剥落；小枝褐色，无毛，有长枝和短枝之分。单叶，纸质，在长枝上对生，在短枝上单生；托叶与叶柄连生，早落。叶片卵圆形或近圆形，长4～7 cm，宽3.5～6 cm，边缘有钝圆锯齿，先端钝尖或圆，基部宽心形；掌状脉5～7条。叶柄紫红色，长1～3 cm。花单性，雌雄异株，先叶开放，单生或簇生叶腋，无花被，但有苞片4枚；雄花近无梗，花丝细长；雌花具短柄。聚合蓇葖果，圆柱形，稍弯曲，熟时紫褐色，微被白粉，长0.8～1.8 cm，沿内侧向腹缝线开裂，成熟时扭转呈外向；种子有翅，连翅长5～6 mm。花期4月中旬至5月上旬，果熟期9～10月。

分布与生境 河南省主要分布在济源鳌背山和黑龙山、西峡老界岭、嵩县龙池曼、内乡宝天曼、南召、灵宝小秦岭、卢氏小沟河。多呈零星分布，垂直分布海拔高度1 000～1 600 m。

生态习性 稍耐阴、喜湿，中性土、酸性土均能生长。在土壤深厚湿润处生长快，萌蘖性强，伐根常萌生多枝，形成几个主干。

保护价值 国家Ⅱ级重点保护野生植物。

连香树为我国第三纪孑遗树种，为单科单属植物的稀有种，东南亚植物区系的特征种。在系统演化上处于相对原始和孤立的地位，对于研究古植物区系和古地理气候有重要的科学价值。木材纹理直，结构坚硬细密，可作建筑、家具、枕木、图板、雕刻等用材。树皮与叶片含鞣质，可提制栲胶；叶中所含的麦芽醇在香料工业中常被用于香味增强剂。树形优美，树干端直雄伟，叶形奇特，新叶带紫色，秋叶黄色至红色，为珍贵的园林绿化树种。

连香树叶 1

连香树果实

连香树叶 2

五、禾本科 Gramineae

（九）新麦草属 *Psathyrostachys*

12. 华山新麦草 *Psathyrostachys huashanica*

形态特征 多年生草本，高 40 ～ 60 cm，具延长根茎。秆散生，直径 2 ～ 3 mm。叶鞘无毛，基部褐紫色或古铜色，长于节间；叶舌长约 0.5 mm，顶具纤毛；叶片扁平或边缘稍内卷，长 6 ～ 11 cm，宽 2 ～ 4 mm；分蘖者长 10 ～ 20 cm，秆生者长 3 ～ 8 cm，表面黄绿色，具柔毛；背面灰绿色，无毛。穗状花序，长 4 ～ 8 cm，宽约 1 cm；穗轴很脆，成熟时逐节断落，节间长 3.5 ～ 4.5 mm，侧棱具硬纤毛，背腹面具微毛；小穗 2 ～ 3 枚生于 1 节，黄绿色，含 1 ～ 2 朵小花；小穗轴节间长约 3.5 mm；颖锥形，粗糙，长 10 ～ 12 mm；外稃无毛，粗糙，第一外稃长 8 ～ 10 mm，先端具长 5 ～ 7 mm 的芒；内稃等长于外稃，具 2 个脊，脊上部疏生微小纤毛；花药黄色，长约 6 mm。花期 5 ～ 6 月，果熟期 6 ～ 7 月。

华山新麦草穗

分布与生境 产于河南省灵宝小秦岭，陕西华山也有分布。多生于海拔 450 ～ 1 800 m 的中低山区岩石坡、岩壁的岩石缝隙中。

生态习性 为农作物的野生亲缘种，有很强的抗逆性和喜光性，具有抗病、抗旱、早熟等优良特性。

保护价值 国家Ⅱ级重点保护野生植物。

华山新麦草是我国特有的禾草植物和需要保护的农作物野生亲缘种。

华山新麦草叶

华山新麦草花序

（十）结缕草属 *Zoysia*

13. 中华结缕草 *Zoysia sinica*

别名　盘根草、护坡草

形态特征　多年生草本，高 10 ～ 30 cm，具横走根状茎。秆直立，基部具枯萎宿存的叶鞘。叶鞘无毛，鞘口具长柔毛；叶舌短而不明显；叶片淡绿或灰绿色，背面色较淡，长可达 10 cm，宽 1 ～ 3 mm，无毛，质地硬，边缘常内卷。总状花序穗形，小穗长 2 ～ 4 cm，宽 4 ～ 5 mm，幼时包藏于叶鞘内，成熟后伸出叶鞘外；小穗披针形，呈紫褐色，长 4 ～ 5 mm，宽 1 ～ 1.5 mm，具长约 2 mm 的短柄；颖光亮，短脉不明显；外稃膜质，长约 3 mm，具 1 明显的中脉；雄蕊 3 枚，花药长约 2 mm。颖果棕褐色，长椭圆形。花期 5 ～ 6 月，果熟期 6 ～ 7 月。

分布与生境　产于河南省伏牛山南坡、大别山、桐柏山。生于河岸、道旁。

生态习性　阳性喜温植物，具有耐湿、耐旱、耐盐碱的特性。适宜在各种土壤上生长。在排水良好的疏松沙质肥沃田块，可以充分发挥其生长潜力，达到最好生长量。

保护价值　国家Ⅱ级重点保护野生植物。

鲜茎叶气味纯正，养分全面。茎叶比 1:（1.5 ～ 2.0）。耐牧性强，再生力也较好，农区农林隙地草场可连续放牧。具有强大的根状茎，多分布在 5 ～ 8 cm 土层中，长可达 1 m 以上，是一种良好的水土保持植物，也是我国最重要的草坪植物。

中华结缕草

中华结缕草颖果与花序

六、樟科 Lauraceae

（十一）樟属 *Cinnamomum*

14. 樟树 *Cinnamomum camphora*

别名　香樟、樟木

形态特征　常绿乔木，高可达 30 m。树皮黄褐色，有不规则纵裂，枝、叶及木材均具有樟脑香味；小枝具棱角，绿褐色，无毛。叶近革质，互生，卵形或卵状椭圆形，先端尖，基部宽楔形或近圆形，边缘微波状，下面灰绿色微有白粉，离基 3 出脉，背面脉腋有腺体。圆锥花序腋生，花黄绿色，花被裂片椭圆形，外面无毛，内面密被短柔毛。果近球形或卵形，紫黑色。花期 4 ～ 5 月，果期 8 ～ 11 月。

分布与生境　主产长江流域以南各省。河南信阳、南阳有栽培。

生态习性　喜温湿气候和肥厚的酸性土或中性沙壤土，不耐干旱、瘠薄。

保护价值　国家Ⅱ级重点保护野生植物。

樟树为我国珍贵树种之一。木材有香味，耐腐朽，为优良用材。根、干、枝、叶均可提取樟脑、樟脑油，种子榨油，用作润滑油。也是重要的观赏树种。

樟树

樟树花序

樟树果实

（十二）楠属 *Phoebe*

15. 闽楠 *Phoebe bournei*

别名　毛丝桢楠、竹叶楠

形态特征　常绿乔木，高达 40 m，胸径达 2.5 m，树干通直，老干树皮灰白色，幼时树皮黄褐色，呈片状剥落。小枝有柔毛或近无毛，冬芽被灰褐色柔毛。叶革质，披针形或倒披针形，长 7 ～ 13 cm，宽 2 ～ 4 cm，先端渐尖或长渐尖；基部渐窄或楔形，下面被短柔毛，脉上被长柔毛；侧脉 10 ～ 14 对，横脉及小脉多而密，在下面结成十分明显的网格状；叶柄长 5 ～ 14 mm。花两性，聚伞圆锥花序生于新枝中下部，被毛。浆果椭圆形或长圆形，长 1.1 ～ 1.5 cm，直径 6 ～ 7 mm；宿存花被裂片紧贴果基部。花期 4 月，果期 10 ～ 11 月。

分布与生境　产于河南省大别山区的新县、商城。生于海拔 1 000 m 以下的常绿阔叶林中，向北延伸至河南大别山山脉北坡，只能在闭塞山谷阴湿小环境中生长，未见有大树，多见为小乔木状。

生态习性　闽楠为中亚热带树种。分布区的气候年均温度为 15 ～ 20℃。喜温暖湿润的气候及土层深厚、肥沃、排水良好的微酸性壤土。深根性，根系较发达。寿命长、生长缓慢。

保护价值　国家Ⅱ级重点保护野生植物。

闽楠为我国特产珍贵用材树种。树干高大通直，木材黄褐色，有香气，结构细，硬度中等，不易反翘开裂，容易加工，削面光滑，纹理结构美观，为上等建筑、高级家具、雕刻、造船等良材。

闽楠为优良的造林树种。树姿雄伟美观，枝条密集，叶稠密，常年翠绿不凋，为珍贵的园林绿化树种。

闽楠

闽楠叶

闽楠果实

闽楠花序

16. 楠木 *Phoebe zhennan*

别名 桢楠、雅楠

形态特征 常绿乔木，高达 30 m，胸径 1.5 m。树干通直。小枝细，常有棱，被黄色或灰褐色长柔毛或短柔毛。单叶互生，薄革质，椭圆形，稀披针形或倒披针形，长 7 ～ 11 cm，宽 2.5 ～ 4 cm；先端渐尖，基部楔形，表面无毛或沿中脉下半部有毛，背面密被灰白色或淡黄色短柔毛，侧脉 8 ～ 13 对；叶柄长 1.2 ～ 2 cm。花两性，聚伞圆锥花序，长 6 ～ 12 cm，花被片 6 枚。浆果椭圆形，长 1.1 ～ 1.4 cm，紫黑色，宿存花裂被片革质，紧贴。花期 4 ～ 5 月，果期 9 ～ 10 月。

分布与生境 产于河南省信阳鸡公山、商城金刚台。生于山谷杂木林中。

生态习性 楠木为中亚热带树种。阴性树种，不耐寒冷，对土壤和气候条件要求较严格。既怕旱又怕涝，既喜肥又喜湿润空气。深根性，适于富含腐殖质、土层深厚、湿润的酸性土壤中生长。

保护价值 国家Ⅱ级重点保护野生植物。

楠木为我国特有珍贵树种，濒危种。在河南省分布已达北界，生境狭窄，植株数量极少，已濒临灭绝。树干通直，树姿优美，终年常绿，为优良的四旁绿化和造林树种。木材有香气，纹理直，结构细密，不易变形和开裂，且有遇火难燃、耐湿不腐的特点，为建筑、高档家具的珍贵用材。枝、叶、根、木材可提取高级香料。

楠木

楠木叶

楠木果实

七、豆科 Leguminosae

（十三）大豆属 *Leguminosae*

17. 野大豆 *Glycine soja*

别名　小落豆、山黄豆、野黄豆

野大豆叶 1

形态特征　一年生缠绕草本，一般高 1 ～ 4 m，茎细弱，疏生黄褐色长硬毛。叶为羽状复叶，具 3 枚小叶；叶片薄纸质，卵圆形、椭圆形或披针形，全缘，两面被毛。总状花序腋生，花蝶形，长约 5 mm，淡紫红色、淡紫色或白色；苞片披针形；萼钟状，密生黄色长硬毛，5 齿裂，裂片三角状披针形，先端锐尖；旗瓣近圆形，先端微凹，基部具短爪，翼瓣卵形，有明显的耳部，龙骨瓣较旗瓣及翼瓣短，密被长毛；花柱短而向一侧弯曲。荚果长圆形或近镰刀形，两侧稍扁，长 17 ～ 30 mm，宽 4 ～ 5 mm，密被黄色长硬毛，熟时褐色或黑色；种子黑色稍扁。花期 6 ～ 7 月，果熟期 8 ～ 9 月。

分布与生境　野大豆在河南省分布广、数量多，伏牛山、太行山、大别山区从海拔 1 000 m 的山地至 100 m 以下的大平原均有分布。

生态习性　喜光、耐水性强，对土壤要求不严格，黏土、沙土、壤土、微酸和微碱性土均能生长。对旱、涝、病虫害有较强的抵抗能力。

保护价值　国家Ⅱ级重点保护野生植物。

野大豆具有高度抗病虫和适应性广的特点。含有特殊的营养物的基因来源，是抗病性，特别是抗菌性和抗病毒性病害的大豆育种的珍贵原始材料。种子可榨油及药用。

野大豆叶 2

野大豆荚果

（十四）红豆属 *Ormosia*

18. 红豆树 *Ormosia hosiei*

别名 鄂西红豆树、江阴红豆树、花桐木

形态特征 常绿乔木，高达 5 ～ 15 m，胸径可达 1.4 m。树皮灰色，光滑；小枝绿色，被黄色细毛；裸芽。叶互生，奇数羽状复叶，长 8 ～ 20 cm，小叶通常 5 枚，稀 7 ～ 9 枚；叶片革质，全缘，上面有光泽，无毛。圆锥花序顶生或腋生；萼钟状，密生黄棕色短柔毛；花冠白色或淡红色，微有香气。荚果扁平，木质，圆形或椭圆形，长 4 ～ 6.5 cm，宽 2.5 ～ 4 cm，端尖，含种子 1 ～ 2 粒；种子扁圆形，鲜红色而有光泽。花期 4 ～ 6 月，果期 10 ～ 11 月。

分布与生境 河南省主要分布于商城金刚台、黄柏山，海拔 700 ～ 1 300 m。

生态习性 红豆树是偏阴性树种，幼树耐侧方荫蔽，大树在光照充足的条件下才能开花结实。不耐干旱瘠薄土壤，多在河溪两旁、山谷疏林地的温暖避风处生长。喜土壤为黏重、湿润含腐殖质的黄褐土，水分条件良好。零星单株混生。

保护价值 国家Ⅱ级重点保护野生植物。

红豆树为我国特产亚热带树种，是国内著名的珍贵经济树种之一。大别山和秦岭南坡已是分布的最北界，在植物地理和区系研究中具有一定的学术价值。木材坚重，有光泽，收缩小，结构细，切面光滑，花纹别致，为高级家具制造、工艺雕刻、特种装饰等的优质珍贵用材，与红木齐名，素有“中国桃花心木”的美誉。种子鲜红光亮，是制作高级工艺品的天然原料。花色鲜艳，叶色深绿，芳香宜人，是著名园林观赏树种。

红豆树花序与叶

红豆树果实

19. 花榈木 *Ormosia henryi*

别名 花梨木

形态特征 常绿小乔木，高 5 ～ 8 m。树皮平滑，灰绿色，有浅裂纹。小枝密被灰黄色茸毛。裸芽。奇数羽状复叶，小叶 5 ～ 9 枚，革质，长圆状披针形或长圆形，长 5 ～ 10 cm，宽 2 ～ 2.5 cm，先端急尖，基部近圆形或宽楔形，背面密被灰黄色短柔毛。圆锥花序腋生或顶生，花冠蝶形，白色，小而香，花萼钟形，花瓣黄白色，边缘微紫。荚果扁平，长椭圆形，种子 4 ～ 8 粒，椭圆形或卵形，种皮红色。花期 7 月，果熟期 9 ～ 11 月。

分布与生境 产于河南省大别山区的新县、商城、罗山等地。生于杂木林中。

生态习性 喜温暖，但有一定的耐寒性。对光照的要求有较大的弹性，全光照或阴暗均能生长，但以明亮的散射光为宜。喜湿润土壤，忌干燥。

保护价值 国家Ⅱ级重点保护野生植物。

花榈木的根、枝及叶均可入药。木材致密质重，纹理美观，可作轴承及细木家具用材。

花榈木叶与荚果

花榈木花序

八、木兰科 Magnoliaceae

（十五）木兰属 *Magnolia*

20. 厚朴 *Magnolia officinalis*

别名　厚皮、紫油厚朴

厚朴

形态特征　落叶乔木，高达 15 m。树皮厚，紫褐色，油润而带辛辣味。枝粗壮，幼时有茸毛。叶革质，倒卵形或倒卵状椭圆形，长 20 ～ 45 cm，宽 10 ～ 24 cm，先端圆，常突尖，基部楔形或圆形，全缘或微波状，背面有白粉；叶柄长 2.5 ～ 4 cm。花大，白色，有芳香，直径约 15 cm；花被片 9 ～ 12 枚或较多。聚合蓇葖果长约 12 cm，长椭圆状卵形，木质。花期 5 月，果熟期 9 月。

与凹叶厚朴的区别：凹叶厚朴叶先端凹缺成两个钝圆浅裂片。

分布与生境　河南省各地有零星栽培，商城、新县有野生分布。生于山谷杂木林中。

生态习性　喜光，幼时稍耐阴。喜温暖气候及湿润、肥厚排水良好的酸性土壤，生于 800 m 以下的山麓及沟谷两侧坡地溪边的杂木林中。

保护价值　国家Ⅱ级重点保护野生植物。

树皮、根皮、花、种子及芽均可入药；种子含油量达 35.29%，可供制皂；材质轻韧，纹理细密，不反张伸缩，易加工，可作图版、雕刻、漆器、乐器、机械、铅笔杆等用材。

厚朴叶

厚朴果实

九、水青树科 Tetracentraceae

（十六）水青树属 *Tetracentron*

21. 水青树 *Tetracentron sinense*

形态特征 落叶乔木，树干通直，全株无毛；树皮灰褐色或黑灰色，平滑；枝条分长、短枝，长枝顶生，细长，幼时暗红褐色，短枝侧生，有环状叶痕。单叶互生，叶片卵形，长 7 ～ 15 cm，宽 4 ～ 11 cm，顶端渐尖，基部心形，边缘有钝锯齿，齿端具腺体，两面无毛，背面略被白霜，掌状脉 5 ～ 7 条，边缘近形成不明显的网络；叶柄长 2 ～ 3.5 cm。花小，黄绿色，穗状花序，腋生，下垂，无花瓣，6 ～ 15 cm。蓇葖果 4 枚，轮生，长椭圆形，长 2 ～ 4 mm，棕色，沿腹缝线开裂。花期 6 ～ 7 月，果期 8 ～ 9 月。

分布与生境 河南省伏牛山南坡的内乡、西峡、南召、淅川的山谷林地有零星分布。

生态习性 水青树为亚热带树种，但生态适应幅度较大。喜温凉湿润环境，耐寒冷，抗冰冻。水青树为阴性树种，生长缓慢，幼龄期特耐荫蔽；多生长于林下，常居于阔叶林冠之下，呈被压状，生长衰弱，开花结实不良。

保护价值 国家Ⅱ级重点保护野生植物。

水青树是第三纪古热带植物区系的古老成分，在第四纪冰川侵袭下，世界各地多已灭绝，仅在东亚局部地区生存，成为我国特有的单种属树种之一。在被子植物系统发育研究上具有重要的科学价值。稀有种。木材纹理直，质轻软，不翘不裂，是包装箱、模型及家具、地板、门窗的用材。

水青树

水青树叶

十、楝科 Meliaceae

（十七）香椿属 *Toona*

22. 红椿 *Toona ciliata*

形态特征 落叶或半落叶乔木，高可达 20 m。树皮灰褐色，呈鳞片状纵裂。羽状复叶，长 25 ～ 40 cm，小叶 7 ～ 14 对，纸质，椭圆状卵形或披针形，长 8 ～ 12 cm，宽 2.5 ～ 4 cm，先端渐尖，基部稍偏斜，全缘。圆锥花序顶生，花两性，花瓣 5 片，白色，长圆形。蒴果长椭圆形，长 2.5 ～ 3.5 cm；种子两端具翅。花期 4 ～ 6 月，果期 10 ～ 12 月。

分布与生境 河南省主要分布在伏牛山区，平原多栽培。生于山沟、山坡杂木林中。

生态习性 为深根性喜光树种，喜温湿气候，对土壤要求不严格，在中性、酸性及钙质土中均能生长，以土层厚、肥沃、湿润的山谷、山坡生长较快。

保护价值 国家Ⅱ级重点保护野生植物。

红椿是我国热带、亚热带地区的珍贵速生用材树种。材色红褐，花纹美丽，质地坚韧，最适宜制作高级家具，是建筑、家具、车船、胶合板、室内装饰良材。树皮含单宁 11%～ 18%，可提制栲胶。

红椿

红椿叶与蒴果

十一、水曲柳科 Oleaceae

（十八）梣属 *Fraxinus*

23. 水曲柳 *Fraxinus mandshurica*

别名 当河槐

形态特征 落叶大乔木，高达 30 m；树皮灰褐色，浅纵裂。小枝略呈四棱形，无毛。奇数羽状复叶，长 25 ～ 30 cm，对生，叶柄有狭翅；小叶 7 ～ 11 枚，无柄或近于无柄，叶卵状矩圆形至椭圆状披针形，长 8 ～ 10 cm，宽 2 ～ 5 cm。顶端长渐尖，基部楔形或宽楔形，不对称。圆锥花序生于去年生小枝上，花序轴有狭翅；花单性异株，无花冠。翅果扭曲，无宿萼，矩圆状披针形，长 3 ～ 4 cm，顶端钝圆或微凹。花期 5 月，果熟期 8 ～ 9 月。

分布与生境 产于河南省伏牛山区的灵宝、内乡、卢氏、栾川、嵩县、西峡等地。生于海拔 1 500 m 以上的山谷杂木林或河流两旁湿地中。

生态习性 深根性，较喜光树种，但幼时较耐阴。喜较冷湿气候，耐寒性差，喜肥厚湿润排水良好的微酸性土壤，不耐水渍。侧根发达，萌蘖力强。

保护价值 国家Ⅱ级重点保护野生植物。

水曲柳

水曲柳是东北植物区系成分，珍贵用材树种之一。河南为其自然分布的南界。渐危种。树干通直、高大，材质致密，坚固，有弹力，耐水湿、耐腐蚀，可作建筑、造船、航空、车辆、枕木、仪器、枪托及运动器材等用材，更是室内装修、机械制造、家具、地板及胶合板的好材料。它在硬阔叶树中是适应性强、生长较快、寿命长的树种，可作栋梁之材的优良造林树种。

水曲柳叶

水曲柳树干

水曲柳叶与果实

十二、茜草科 Rubiaceae

（十九）香果树属 *Emmenopterys*

24. 香果树 *Emmenopterys henryi*

形态特征 落叶乔木，高 16 ～ 20（30）m。树皮灰褐色。小枝淡黄色，无毛或近无毛。叶近革质，宽椭圆形至宽卵形，长 10 ～ 15（20）cm，宽 6 ～ 10 cm，先端急尖或渐尖，基部圆形或宽楔形，表面无毛，背面淡绿色，脉腋内具淡黄色柔毛或全部被毛；叶柄长 2 ～ 6 cm，被柔毛；托叶大，三角状卵形，早落。花序疏松，长 7 ～ 17 cm，花大型，圆锥状聚伞花序顶生，花白色或淡黄色，花萼钟状，其中扩大的 1 枚宿存于果上；花冠两面密被细茸毛。花柱长约 17 mm，柱头不明显 2 裂。果实长 2.5 ～ 5 cm，具棱，成熟时红色，室间 2 瓣开裂；种子细小而具宽翅。花期 8 ～ 9 月，果期 9 ～ 10 月。

香果树

分布与生境 河南省大别山、桐柏山及伏牛山南部均有零星分布。分布于海拔 500 ～ 1 500 m 的山谷林中。

生态习性 香果树为喜湿阴性树种，幼树耐阴喜湿，成年树要充足光照才能正常生长和开花结实。根系发达、萌芽力强，生长速度中等，寿命较长。

保护价值　国家Ⅱ级重点保护野生植物。

香果树为我国特产单种属树种，是第三纪古热带植物区系的孑遗树种，有“活化石”之称。稀有种，分布数量极少。生长迅速，材质优良，干形通直圆满。木材纹理直，结构细，色纹美观，质地轻韧，干后不开裂，变形小，是家具、建筑、雕刻及大型雕塑的良材。奇异的花果与树叶红绿相映，蔚为壮观，是用材和园林绿化的优良树种。

香果树种子与宽翅

香果树果实

香果树花序

十三、芸香科 Rutaceae

（二十）黄檗属 *Phellodendron*

25. 川黄檗 *Phellodendron chinense*

别名 黄皮树

形态特征 落叶乔木，高 10 ～ 15 m。树皮暗灰棕色，薄，无加厚的木栓层，内层黄色有黏性。小枝紫褐色，粗壮，光滑无毛。奇数羽状复叶，小叶 7 ～ 15 枚，纸质，长圆状披针形或长圆状卵形，长 8 ～ 15 cm，宽 3 ～ 5 cm，先端长渐尖，基部阔楔形或圆形，不对称。花单性，雌雄异株，排成顶生圆锥花序。果轴及果枝粗大，常密被短毛，浆果状核果，球形，密集，黑色。花期 5 ～ 6 月，果熟期 9 ～ 10 月。

分布与生境 产于河南省伏牛山区的西峡、南召、淅川等地。生于山坡或山沟杂木林中。

生态习性 喜肥沃，为湿性树种。深根性，主根发达，抗风能力强，萌生能力亦强；性喜光，不耐阴，故树冠宽广而稀疏，耐寒。喜湿润、排水良好的中性或微酸性壤土，在黏土及瘠薄土地上生长不良。

保护价值 国家Ⅱ级重点保护野生植物。

黄檗树的树皮可以入药，能清热、解毒。种子可榨油，木材供制家具。为次生林改造保留树种。

川黄檗

川黄檗核果

川黄檗树皮

十四、安息香科 Styracaceae

（二十一）秤锤树属 *Sinojackia*

26. 秤锤树 *Sinojackia xylocarpa*

别名　秤砣树

形态特征　落叶小乔木，高 6 m。冬芽裸露单生或 2 枚叠生，密被深褐色星状毛；小枝红褐色，幼时密被星状毛，后脱落。单叶互生，椭圆形或椭圆状倒卵形，长 3 ～ 9 cm，宽 2 ～ 4 cm，先端短渐尖，基部楔形或圆形，边缘有细锯齿，侧脉 5 ～ 10 对；生于花序基部之叶卵形而较小，基部圆形或心形；叶柄长 3 ～ 6 mm，被星状毛。花两性，聚伞花序腋生，3 ～ 5 朵花，白色，直径约 2 cm；花梗长达 3 cm，下垂。花冠 6 ～ 7 裂，长卵圆形，两面密被星状毛；雄蕊 12 ～ 14 枚，长约 4 mm，被星状毛或短毛。坚果木质，具圆锥形喙，连喙长 1.5 ～ 2.5 cm，直径 1 ～ 1.3 cm，熟时红褐色；含 1 粒种子，栗褐色。花期 4 ～ 5 月，果熟期 8 ～ 9 月。

分布与生境　产于河南省大别山区的新县黄毛尖、商城黄柏山。生于海拔 500 ～ 800 m 的山地杂木林中。

生态习性　秤锤树为北亚热带树种。喜生于温暖湿润、土层深厚肥沃的微酸性土中。阳性树种，稍耐荫蔽。常生长在山坡林缘或疏林中。

保护价值　国家 II 级重点保护野生植物。

秤锤树为我国特有植物，是河南省新地理分布记录种。植株数量少，分布区域狭窄，大树罕见，只见有零星植株。花白色，灿烂美丽，果实似秤锤，颇为美观。可作庭园绿化观赏树种。

秤锤树

秤锤树花序

秤锤树坚果

十五、榆科 Ulmaceae

（二十二）榉属 *Zelkova*

27. 榉树 *Zelkova schneideriana*

别名　大叶榉、红榉树

形态特征　落叶乔木，高达 30 m。树皮灰白色或褐灰色，呈不规则片状剥落。小枝具灰白色柔毛。叶卵形至椭圆状卵形，长 2 ～ 10 cm，宽 1 ～ 4 cm，先端渐尖，基部圆形或亚心脏形，偏斜，边缘具钝锯齿，表面具疏毛，粗糙，背面密生柔毛，侧脉 7 ～ 15 对；叶柄长 1 ～ 4 mm，有毛。花单性，稀杂性，雌雄同株。核果上部偏斜，直径约 4 mm，无梗。花期 4 月，果熟期 10 月。

分布与生境　产于河南省伏牛山南部、大别山和桐柏山区。生于山坡或山谷杂木林中。

生态习性　喜光性树种，适宜温暖气候和肥厚湿润土壤，在酸性、中性及钙质土中均能生长。

保护价值　国家Ⅱ级重点保护野生植物。

榉树木材坚硬耐水湿，心材带紫红色，光泽美丽，为建筑、造船、家具的优良用材；茎皮纤维可代麻用或作为造纸及人造棉的原料。榉树树姿端庄，秋季叶变成褐红色，是观赏秋叶的优良树种。

榉树

榉树核果

榉树核果与叶

第三部分

河南省重点保护野生植物

河南省重点保护野生植物有98种，分属36科、67属。

一、铁线蕨科 Adiantaceae

（一）铁线蕨属 *Adiantum*

1. 团羽铁线蕨 *Adiantum capillus-junonis*

形态特征　植株高 10 ~ 20 cm。根状茎直立，顶端有褐色披针形鳞片。叶簇生，近膜质，无毛，叶柄铁丝状，紫黑色，叶长 8 ~ 15 cm，宽 2.5 ~ 3.5 cm，一回羽状，叶轴顶端常延伸成鞭状，先端着地生根；羽片团扇形，基部有关节与柄相连，外缘 2 ~ 5 浅裂，叶脉扇形分叉，小脉直达叶边。孢子囊群生于裂片边缘的小脉顶端；囊群盖线状长圆形或近肾形。

分布与生境　产于河南省太行山与伏牛山区。多生于潮湿的石灰岩上或墙缝中。

生态习性　群生于湿润石灰岩脚、阴湿墙壁基部石缝中或荫蔽湿润的白垩土上，海拔 300 ~ 2 500 m。

保护价值　全草入药，有清热利尿、舒筋活络、补肾止咳的功效，用于治痢疾、咳嗽、乳腺炎、颈淋巴结核、血淋等，外敷治毒蛇咬伤。

团羽铁线蕨

团羽铁线蕨叶 1

团羽铁线蕨叶 2

二、蹄盖蕨科 Athyriaceae

（二）蛾眉蕨属 *Lunathyrium*

2. 蛾眉蕨 *Lunathyrium acrostichoides*

形态特征 植株高达80 cm。根状茎短而直立，顶部有宽披针形鳞片。叶簇生；叶片短圆状披针形，革质，二回羽状深裂，长约60 cm，宽约20 cm，先端渐尖，沿叶轴、羽轴和主脉有少数棕色多细胞的短毛；下部3～4对羽片略缩短，中部羽片长12～14 cm，宽1.5～2.5 cm，羽裂几达羽轴；裂片宽3～4 mm，边缘有浅圆锯齿，具单一的侧脉5～7对；叶柄长15～20 cm。孢子囊群狭长圆形，囊群盖新月形，质厚，全缘。

分布与生境 河南省主要分布于太行山和伏牛山区。生于山谷林下或灌丛中。

生态习性 生于针阔叶混交林下阴湿处，海拔200～1 000 m。

保护价值 在伏牛山区作贯众入药。

蛾眉蕨叶

蛾眉蕨

三、铁角蕨科 Aspleniaceae

（三）过山蕨属 *Camptosorus*

3. 过山蕨 *Camptosorus sibiricus*

别名　马灯草

形态特征　植株高 10 ～ 20 cm。根状茎短，直立，顶部密生狭披针形黑褐色小鳞片。叶簇生，近二型，无毛；营养叶披针形或短圆形，长 1 ～ 2 cm，宽 5 ～ 8 mm，钝头或渐尖，基部宽楔形，略下延于叶柄；能育叶披针形，长 10 ～ 15 cm，先端渐尖，并延伸成鞭状，着地生根，产生新株，基部楔形下延；叶脉网状，无内藏小脉，网眼外的小脉分离，不达叶边；叶柄长 1 ～ 5 cm。孢子囊群线形，沿中脉两侧各 1 ～ 2 行，囊群盖短线形或矩圆形，膜质，灰色，全缘，向中脉方向开裂，偶有背中脉开裂。

分布与生境　产于河南省太行山、伏牛山、大别山和桐柏山区。生于石岩脚下阴湿处。

生态习性　生于潮湿岩石上。

保护价值　全草入药，有止血、消炎、生肌的功效。药用价值极高，需保护性开发，否则容易导致灭绝。

过山蕨

四、球子蕨科 Onocleaceae

（四）荚果蕨属 *Matteuccia*

4. 荚果蕨 *Matteuccia struthiopteris*

别名　黄瓜香、野鸡膀子

形态特征　植株高 90 cm。根状茎直立，连同叶柄基部有密生披针形鳞片。叶簇生，二型，营养叶二回羽状，矩圆状倒披针形，长 45 ～ 90 cm，宽 14 ～ 25 cm，叶轴和羽轴偶有棕色柔毛，下部 10 余对羽片逐渐缩小成耳形，中部羽片宽 1.2 ～ 2 cm，裂片边缘浅波状，或顶端具圆齿；侧脉单一；孢子叶较短，直立，有粗硬而较长的柄，一回羽状，羽片向背面反卷成有节的荚果状，包被囊群。孢子囊群圆形，生侧脉分枝的中部，成熟时汇合成线形；囊群盖膜质，白色，熟时破裂消失。

荚果蕨与尖裂荚果蕨的区别：尖裂荚果蕨营养叶的裂片为三角状披针形，尖头，斜向上。

分布与生境　产于河南省太行山区的济源、辉县及伏牛山区的栾川、嵩县、灵宝、卢氏、西峡、南召等地。生于林下或山谷阴湿之处。

生态习性　喜凉爽、湿润及荫蔽环境。

保护价值　根茎作贯众入药，嫩叶可食用，还可栽培观赏。

荚果蕨叶形

荚果蕨孢子叶

5. 东方荚果蕨 *Matteuccia orientalis*

形态特征　植株高约 1 m。根状茎直立。叶簇生，二型，营养叶二回羽状，矩圆形，长 50 ～ 80 cm，宽 25 ～ 40 cm，顶端渐尖，深羽裂，基部不变狭；羽片长 12 ～ 20 cm，宽 2.5 ～ 3 cm；裂片钝尖，边缘略具疏齿；侧脉单一，叶柄长 30 ～ 80 cm，稻秆色；孢子叶一回羽状，羽片深褐色，有光泽，向背面反卷包被囊群成荀荚状。孢子囊群圆形，成熟时汇合成线形；囊群盖近圆形，白色，膜质，基部着生，向外卷盖囊群，成熟时在囊群下面，最后散生。

分布与生境　产于河南省伏牛山区的栾川老君山、嵩县龙池曼、鲁山尧山、西峡黑烟镇等地。

生态习性　性耐寒，喜湿润。生于草甸或湿灌丛中，海拔在 400 m 以下。

保护价值　可作观赏蕨类栽培，也可作蔬菜栽培食用。

东方荚果蕨

五、松科 Pinaceae

（五）冷杉属 *Abies*

6. 巴山冷杉 *Abies fargesii*

别名 鄂西冷杉、太白冷杉

形态特征 常绿乔木，高达 30 m。树皮粗糙，剥裂成方形块片，暗灰色或暗灰褐色。一年生枝红褐色或褐色，冬芽有树脂。叶条形，长 1 ～ 2.5 cm，宽 0.15 ～ 0.2 cm，表面中脉凹下；背面有 2 条白色气孔带；树脂管中生。雌雄同株，球花单生叶腋。球果直立，长圆形或圆柱状卵圆形，长 5.5 ～ 7 cm，径约 3.5 cm，成熟时黑色或黑紫色。种鳞木质，排列紧密，肾形或扇状椭圆形；苞鳞微露，先端突尖；种子倒三角状卵形，上端有膜质翅，与种子等长或稍短。花期 4 ～ 5 月，果实期 9 ～ 10 月。

分布与生境 河南省伏牛山区的嵩县龙池曼、鲁山尧山、卢氏玉皇尖、西峡老界岭、栾川老君山、洛宁全宝山等有零星分布。生于海拔 1 800 m 以上的高山地带。

生态习性 巴山冷杉为高寒山地树种，喜肥沃、湿润环境。生于夏凉冬冷、云雾缭绕、空气湿度大的山地。其生长土壤为山地黄棕壤或黄棕壤、微酸性的沙壤土。幼树喜荫蔽。

保护价值 巴山冷杉为我国特有的古老残遗植物。稀有种。对研究松科植物的系统发育、植物的区系和古地理等均有重要的科研价值。木材坚实耐用，可作建筑、家具、造纸、电杆、矿柱、室内装饰及纤维工业用材。树皮、叶可制松节油及松脂，球果入药。树冠苍翠浓密，是良好的风景绿化树种。

巴山冷杉

巴山冷杉球果

（六）铁杉属 *Tsuga*

7. 铁杉 *Tsuga chinensis*

别名　杉松

形态特征　常绿乔木，高达 50 m。树皮暗灰色，纵裂。小枝细，常下垂，淡黄色或淡黄褐色，有纵槽，槽中有毛。叶线形，二列，长 1.2 ～ 2.7 cm，宽 2 ～ 2.5 mm，先端圆或凹缺，边缘全缘，上面中脉凹下，无气孔线，仅下面有 2 条灰绿色气孔带。球果卵形，有短柄，成熟时浅褐色。花期 4 月，球果 10 月成熟。

分布与生境　产于河南省伏牛山区的卢氏、栾川、灵宝、嵩县、南召、西峡、内乡等地。生于海拔 1 000 m 以上的山坡或山沟中。

生态习性　温带及寒带树种，性喜多雨、多雾、相对湿度大、气候凉润、酸性土壤及排水良好的山区环境。系强阴性树种，天然整枝能力强，寿命长达数百年以上。深根性，抗风能力强。

保护价值　铁杉为我国特有树种。木材可作建筑和家具用材。树皮含单宁 10.5%～ 15.5%，可提取；种子含油约 50 %，可供工业用。树形端正，枝叶茂密，寿命长，常绿，可作绿化观赏树种。

铁杉

铁杉叶

铁杉球果与叶

（七）松属 *Pinus*

8. 白皮松 *Pinus bungeana*

别名　三针松

形态特征　常绿乔木，高达 30 m。幼树树皮光滑，灰绿色，老树树皮呈灰白色，裂成不规则的鳞状块片脱落，露出粉白色的内皮；一年生枝灰绿色，无毛；冬芽褐色，卵形。针叶 3 针一束，粗硬，长 5 ～ 10 cm，叶背及腹面两侧均有气孔线，边缘有细锯齿；雄球花卵圆形，长约 1 cm，多数聚生于新枝基部成穗状，长 5 ～ 10 cm。球果成熟时淡黄褐色，卵圆形或圆锥状卵圆形，长 5 ～ 7 cm；种子灰褐色，长约 1 cm。花期 4 ～ 5 月，球果翌年 10 ～ 11 月成熟。

分布与生境　产于河南省太行山、伏牛山北坡海拔 500 ～ 2 000 m 的石灰岩山地。

生态习性　喜光，耐瘠薄土壤；在气候温凉，土层深厚、肥沃湿润的钙质土和黄土上生长良好。

保护价值　白皮松为我国特有树种。木材坚硬、细致，花纹美丽，可作建筑、家具及文具等用材。种子可食用或榨油。树形古雅，枝叶青翠，树皮白色，为庭园绿化树种及石灰岩山地造林树种。

白皮松

白皮松树干

白皮松雄球花

白皮松球果

六、柏科 Cupressaceae

（八）圆柏属 *Sabina*

9. 高山柏 *Sabina squamata*

别名 粉柏、地柏

形态特征 常绿灌木，高 1 ～ 3 m，幼树直立，老树呈匍匐状。树皮灰褐色，裂成不规则薄片脱落；枝条斜伸或平展，小枝直或弧状弯曲，下垂或伸展。叶全为刺形，三叶交互轮生，披针形或窄披针形，基部下延，长 5 ～ 10 mm，上面稍凹，具白粉带，下面拱曲具纵脊，沿脊有细槽或下部有细槽。雌雄异株，球花单生枝顶。球果卵圆形，成熟前绿色或黄绿色，熟后蓝黑色，稍有光泽，无白粉，种子卵圆形。花期 5 ～ 6 月，果实期翌年 9 ～ 10 月。

高山柏

分布与生境 产于河南省嵩县龙池曼、栾川老君山、灵宝小秦岭一带。生于海拔 2 000 m 以上的山坡，常形成片状针叶灌丛。

生态习性 分布于高寒山地，对于冬春的寒冷干燥、剧烈的山风和强烈的紫外线辐射光照等生态因素有很强适应能力。茎干沿地面匍匐生长，形成低矮垫状灌丛。

保护价值 高山柏为我国高寒山地原生林树种，是在灵宝小秦岭发现的稀有树种。它对于研究河南省植物区系地理、森林植被发展演替具有科学价值。高山柏形态独特，枝叶苍翠，可作为庭园观赏或盆景栽培。

七、三尖杉科 Cephalotaxaceae

（九）三尖杉属 *Cephalotaxus*

10. 三尖杉 *Cephalotaxus fortunei*

别名 狗尾松、母猪柏

形态特征 常绿乔木。树皮灰褐色或红褐色，片状剥落。叶螺旋状排成二列，线状披针形，微弯，上部渐狭，先端长渐尖，基部渐窄，楔形或宽楔形，表面深绿色，中脉隆起，下面气孔带白色，背面有2条灰绿色气孔带，比绿色边带宽3～5倍。花单性，雌雄异株，雄球花生于去年枝的叶腋，雌球花生于新枝基部苞腋或枝顶。种子椭圆状卵形或长圆形。假种皮成熟时紫色或紫黑色。花期4～5月，种子成熟期9～10月。

分布与生境 河南大别山、桐柏山及伏牛山区均有分布。散生于海拔300～1 200 m的针阔叶混交林中。

生态习性 三尖杉喜温暖湿润气候，土壤为肥沃湿润、排水良好的酸性沙壤土。在干燥瘠薄的向阳山坡生长不良。阴性树种，耐荫蔽，生长慢。

三尖杉

保护价值 三尖杉是我国亚热带特有树种，为第三纪以来古老残遗种之一。渐危种。种子可入药，可榨油。从枝、叶、种子中提取的三尖杉酯碱对肺癌、白血病有一定疗效。木材可作建筑、家具、细木工等用材。枝叶繁茂，叶如玉树翡翠，种子成熟时红色夺目，为优良的观赏树种。

三尖杉果实与叶

三尖杉雄球花与叶

三尖杉叶

11. 中国粗榧 *Cephalotaxus sinensis*

别名 粗榧、鄂西粗榧

形态特征 小乔木，树皮灰色或灰褐色，片状脱落。叶线形，直立，稀微弯，先端急尖或渐尖，基部近圆形或楔形，几无柄。表面绿色，背面有2条白色气孔带，较绿色边带宽2～4倍。种子卵圆形或椭圆状卵形。花期4月，种子翌年10月成熟。

中国粗榧

分布与生境 产于河南省大别山、桐柏山和伏牛山。生于海拔1 000 m以下的山沟、溪旁及林中。

生态习性 阳性树种，较喜温暖，耐阴，较耐寒。喜生于富含有机质的壤土内。生长缓慢。

保护价值 中国粗榧为我国特有树种。种仁含油50%，可制肥皂、润滑油等；树皮含单宁，可提制栲胶；木材坚硬度适中，富弹性，供制作家具使用；枝、叶富粗榧碱，有抗癌作用。

中国粗榧叶

中国粗榧种子

八、桦木科 Betulaceae

（十）鹅耳枥属 *Carpinus*

12. 河南鹅耳枥 *Carpinus funiushanensis*

形态特征　乔木，小枝红褐色，平滑无毛，具细小皮孔。冬芽长锥形，长约 5 mm。叶长圆状披针形，长 4 ～ 7.5 cm，宽 2 ～ 3.5 cm，先端渐尖，基部宽楔形或圆形，边缘具重锯齿，表面无毛仅背面脉腋具微毛，侧脉 12 ～ 14 对，叶柄长约 1 cm，无毛。果序长 5 ～ 8 cm，果序梗长 1.5 ～ 2 cm，序轴被疏白毛；果苞长圆状披针形，无毛，长 20 ～ 23 mm，宽 6 ～ 7 mm，先端尖，外缘 7 ～ 8 枚浅齿，内缘上部具 1 ～ 3 枚不明显小齿，基部略内卷，微包小坚果，小坚果长 4 ～ 5 mm，约有 10 条肋纹，顶部具微毛，通常无腺点。花期 4 ～ 5 月，果熟期 9 ～ 10 月。

分布与生境　河南省常分布在伏牛山区的灵宝、栾川、嵩县、卢氏等地。

生态习性　稍耐阴，喜肥沃湿润土壤，也耐干旱瘠薄，生于山坡杂木林中。

保护价值　材质坚硬，纹理致密美观，可作建筑、家具等用材。叶形秀丽，果穗奇特，枝叶茂密，作园林观赏植物。

河南鹅耳枥叶

河南鹅耳枥叶与果序

（十一）铁木属 *Ostrya*

13. 铁木 *Ostrya japonica*

别名 穗子榆、黄札榆

形态特征 落叶乔木，高达 20 m。树皮黄褐色，鳞片状开裂。小枝黄褐色，初被腺毛。叶卵状椭圆形，长 4 ～ 10 cm，宽 2 ～ 5 cm，先端渐尖或尾尖，基部圆形或心形，叶缘具不规则重锯齿，表面疏生细毛，背面沿脉密被短柔毛，脉腋有须状毛。侧脉 12 ～ 15 对，叶柄长 0.4 ～ 1.5 cm，密被毛。果序直立或下垂，果苞膀胱状，膜质，长 10 ～ 20 mm，有平贴软毛，基部有长硬毛；小坚果长圆状，卵形，长 6 mm，有光泽。花期 4 ～ 5 月，果熟期 8 ～ 9 月。

分布与生境 产于河南省伏牛山区的灵宝、栾川、嵩县、卢氏、鲁山、南召、西峡等地。生长于海拔 1 200 m 以上的山坡或山沟杂木林中。

生态习性 喜光树种，不耐荫蔽，适应性较强，耐寒冷，耐瘠薄土壤，喜温凉湿润气候，对土壤

铁木

要求不太严格，在钙质土、微酸性土壤中均可生长。

保护价值　铁木是我国著名的珍贵用材树种，稀有种。分布区域狭窄，种群数量少，已处于渐危状态。木材淡黄褐色，坚硬而重，有光泽，可作家具、农具、建筑用材。

铁木树皮

铁木树干

铁木叶 1

铁木叶 2

（十二）榛属 *Corylus*

14. 华榛 *Corylus chinensis*

别名 山白果、榛子

形态特征 落叶乔木，高20 m。树皮灰褐色，纵裂；小枝褐色，被柔毛和腺体。叶卵形、倒卵形或椭圆形，长8～18 cm，宽6～12 cm，先端渐尖，基部偏斜心形，两侧不对称，边缘有不规则的重锯齿，上面无毛，下面沿脉疏被淡黄色短柔毛；叶柄长1～2.5 cm，密被短柔毛和刺状腺点。雌雄同株，花单性，雄柔荑花序圆柱形下垂，雌花包藏于芽鳞内，开花时，红色花柱伸出。坚果球形，灰褐色，直径1～2 cm，无毛。花期4～5月，果期9～10月。

分布与生境 产于河南省嵩县龙池曼、卢氏淇河、内乡宝天曼、南召、鲁山尧山等地。常散生于海拔1 000～1 800 m及以上的山沟杂木林中。

生态习性 华榛为我国亚热带树种。性喜温暖湿润的气候。常散生于中性、微酸性，土层深厚、肥沃、湿润之地。阳性树种，幼时稍耐荫蔽。

保护价值 我国特产的油料树种，渐危种。树干通直，木材

华榛

坚韧，可作建筑和家具用材。坚果果仁营养丰富，不仅是人们喜食的干果，还有较高的药用价值。种仁含油率5%，可榨油。华榛是果材兼用树种，可作育种材料。

华榛叶形

华榛坚果与叶

华榛树皮

九、壳斗科 Fagaceae

（十三）水青冈属 *Fagus*

15. 米心水青冈 *Fagus engleriana*

形态特征 落叶乔木，高达 25 m。树皮暗灰色，不开裂；幼枝紫褐色，平滑。单叶互生，叶菱形或卵状椭圆形，长 5 ～ 9 cm，宽 2 ～ 5 cm，先端渐尖或短渐尖，基部宽楔形或圆形，边缘全缘或波状，上面绿色，下面粉绿色，叶柄长 4 ～ 12 mm。花单生，雌雄同株。雄花为下垂的头状花序，雌花 2 朵生于总苞内。总梗长 2.5 ～ 7 cm，每壳斗具坚果 2 枚，坚果卵状三棱形，成熟时栗褐色。花期 4 ～ 5 月，果熟期 8 ～ 9 月。

分布与生境 产于河南省伏牛山区的栾川、卢氏、鲁山、内乡、西峡一带。生于海拔 1 200 m 以上的山谷或山坡杂木林中。

生态习性 偏阴性树种，不耐干旱，喜温凉湿润气候。适宜于土层深厚、排水良好的酸性或微酸性土壤。

保护价值 米心水青冈为我国特有的古老树种。河南省伏牛山区为其分布北界。植株数量很少，零星散生。木材结构均匀，硬度适中，用作家具、车辆、造船和枕木用材。种子含淀粉，可酿酒，树皮可提制栲胶。

米心水青冈

米心水青冈叶

米心水青冈坚果

（十四）柯属 *Lithocarpus*

16. 石栎 *Lithocarpus glaber*

别名　木柯、名柯、椆木

形态特征　常绿乔木，高达 7 ～ 15 m。树皮暗褐色，不裂。小枝密被灰黄色茸毛。单叶互生，叶厚革质，椭圆状披针形，长 8 ～ 12 cm。先端尾尖，基部楔形。全缘或有时近顶端处有浅锯齿。花单性同株，花序直立。坚果椭圆状卵形或倒卵形，略具白粉；壳斗杯状、包围坚果基部，果壳坚硬。花期 9 ～ 10 月，果熟期翌年 9 ～ 10 月。

分布与生境　河南省主要分布在新县连康山和商城金刚台，零星散生。生于海拔 300 ～ 600 m 的坡地杂木林中。

生态习性　石栎喜温暖湿润气候，为偏阳性树种，稍耐寒冷，稍耐瘠薄，萌蘖性强，在土层深厚的酸性红壤或黄棕壤生长良好。

保护价值　石栎为亚热带常绿阔叶树林特征种，河南省大别山为其分布北界。为河南稀有濒危植物。植株数量极少，生境脆弱。木材坚硬，纹理直，有光泽，油漆胶黏性能好，可作建筑、家具、车辆用材。果实含淀粉，可生食、炒食或酿酒。果壳含单宁，可提制栲胶。

石栎

石栎花序

石栎坚果

十、胡桃科 Juglandaceae

（十五）胡桃属 *Juglans*

17. 胡桃楸 *Juglans mandshurica*

别名 核桃楸、麻核桃

胡桃楸树干

形态特征 落叶乔木，高达 20 m，胸径 70 cm。树皮暗灰色，光滑，有纵裂沟。小枝粗壮，幼时被柔腺毛，黏性，髓部浅褐色，薄片状。奇数羽状复叶，互生，叶柄及叶轴被短柔毛或星芒状毛；小叶 9 ～ 17 枚，椭圆形或卵状椭圆形，边缘具细锯齿，先端尖，基部偏斜，上面幼时有疏短柔毛，后除中脉外其余无毛，下面有褐色贴生的短柔毛及星芒状毛，无柄。雄柔荑花序下垂，长 10 ～ 27 cm，雌花序穗状顶生，直立。果序长 10 ～ 15 cm，俯垂，通常具 5 ～ 7 枚果实。果实卵形或球形，褐色腺毛，果核暗褐色，先端锐尖。花期 4 ～ 5 月，果实成熟期 8 ～ 9 月。

分布与生境 产于河南省太行山区的济源、辉县和林州等地。生于海拔 800 ～ 1 500 m 的山地。

生态习性 喜光，深根性树种，根系发达，主根明显。萌蘖性和萌芽力较强，适宜生长在土层深厚、肥沃、排水良好的沟谷或山坡下部。

保护价值 胡桃楸为我国珍贵的用材树种、油料树种。渐危种。材质坚硬细密，轻重适宜，不翘不裂，纹理通直，花纹美观，刨面光滑而有光泽，油漆性好，抗震性强，是重要的航空、军工和乐器用材。

种仁营养丰富，可食用或榨油，是高级食用油。外果皮可提制褐色染料及单宁，内果皮可制作活性炭。树皮用作中药材。幼树是嫁接核桃的好砧木。

胡桃楸雄花序

胡桃楸果实

胡桃楸叶与雌花序

（十六）青钱柳属 *Cyclocarya*

18. 青钱柳 *Cyclocarya paliurus*

别名　摇钱树、麻柳

形态特征　落叶乔木，树高 20 ～ 30 m，直径可达 50 cm。树皮灰色，老时深裂。幼枝密生棕褐色茸毛；髓部薄片状；冬芽密生褐色鳞片。单数羽状复叶。长 15 ～ 30 cm；小叶互生，7 或 9 枚，长圆状披针形，长 3 ～ 10 cm，宽 1 ～ 5 cm，先端渐尖，基部略偏斜，边缘具硬尖锯齿，表面沿脉具细毛，背面有灰色细小鳞片及盾状腺体。单性花，雌雄同株。果序长 15 ～ 25 cm，果翅圆形，直径 4 ～ 6 cm，顶端有 4 片宿存的花被片及花柱。花期 5 ～ 6 月，果熟期 9 月。

分布与生境　产于河南伏牛山、大别山区。生于海拔 1 500 m 左右的山谷杂木林中。

生态习性　喜光，深根性树种，根系发达，喜深厚、肥沃湿润土壤，酸性、微酸性、钙质土壤均可生长。对空气和土壤湿度要求较高。

保护价值　青钱柳为我国特产单种属古老树种。河南省稀有树种，生境脆弱，分布范围狭窄。木材轻软，有光泽，结构细致，容易加工，为制作家具良材。树皮、叶、根有杀虫止痒、消炎止痛祛风的功效。芽能够调节人体糖代谢，中医临床用于治疗糖尿病。树形美观，速生，可作为园林绿化树种。

青钱柳

青钱柳叶

青钱柳果序

十一、榆科 Ulmaceae

（十七）榉属 *Zelkova*

19. 大果榉 *Zelkova sinica*

别名 鬼狼树、小叶榉

形态特征 落叶乔木，高达 20 m，胸径达 60 cm。树皮灰白色，呈块状剥落；小枝无毛。叶纸质，卵形或卵状长圆形，长 2 ～ 7 cm，先端尖，基部圆形，边缘锯齿钝尖，侧脉 7 ～ 10 对；核果较大，斜三角状。单生叶腋，直径 5 ～ 7 mm，表面光滑无毛，果梗长 2 ～ 3 mm，被毛。花期 4 月，果熟期 10 月。

大果榉

分布与生境 产于河南省太行山区的济源、辉县、林州及伏牛山、大别山、桐柏山区。生于山坡、丘陵。

生态习性 喜光，喜温暖湿润气候。喜石灰岩土壤，忌积水地。寿命长，种子繁殖。

保护价值 木材花纹美丽，坚实耐用，可作上等家具、地板等用材。茎皮纤维可作人造棉原料。

大果榉叶与核果 1

大果榉叶与核果 2

（十八）青檀属 *Pteroceltis*

20. 青檀 *Pteroceltis tatarinowii*

别名 翼朴、檀树

形态特征　落叶乔木，高可达 20 m；树皮淡灰色，呈不规则条状剥落，剥落后露出浅灰绿色的内皮，树干常凹凸不圆。单叶互生，纸质，卵形或椭圆状卵形，长 3 ～ 13 cm，宽 2 ～ 4 cm，先端渐尖，基部楔形，边缘为整齐的单锯齿，近基部全缘，三出脉。花单性，雌雄同株，雄花簇生于当年生枝基部；雌花单生上部叶腋。坚果有长柄，基部有圆形或近方形的宽翅。顶端具凹缺。花期 4 月，果熟期 7 ～ 8 月。

青檀

分布与生境　产于河南省太行山区的济源、辉州、林州及伏牛山、大别山和桐柏山区。生于海拔 400 ～ 1 500 m 山地疏林中。平原地区也有零星栽培。

生态习性　青檀是一种温带至亚热带树种，中低山分布较广。对气温和降水量的适应幅度较宽。喜钙，喜光，耐瘠薄，对立地条件要求不严。耐干旱，耐一定水湿。根系发达，萌蘖性强。

保护价值　青檀为我国特有的单种属植物，对研究榆科系统发育有学术价值。茎皮、枝皮纤维为制造驰名国内外的书画宣纸的优质原料；木材坚实，致密，韧性强，耐磨损，为家具、农具、绘图板及细木工用材。

青檀果实

青檀叶

（十九）榆属 *Ulmus*

21. 太行榆 *Ulmus taihangshanenensis*

别名 山榆

形态特征 落叶乔木，高达20 m。树皮幼时平滑，老时纵裂。小枝灰色或淡灰褐色，有短柔毛；冬芽褐色，微被毛。叶纸质，长圆状椭圆形或卵状椭圆形，长5～12 cm，宽3.5～5.5 cm，先端长尖，基部偏斜，侧脉11～18对，表面具粗糙短毛，背面沿脉有白色短毛，边缘有重锯齿；叶柄长约2.5 mm，密生白色短毛及蜡质白粉。花先叶开放，6～9朵簇生于去年生枝叶腋；萼4裂，外面密被短腺毛，裂片顶端具黑色或深棕色长毛。翅果长圆形，长2.7～3.1 cm，宽1.8～2.7 cm，先端凹缺，黄白色，膜质，沿脉疏生柔毛，边缘较密。花期3～4月，果熟期4～5月。

分布与生境 产于河南省太行山区。生于海拔1 500 m的山沟或山坡杂木林中。

太行榆树干

生态习性　脱皮榆的近缘种，中等喜光，深根性，喜生于土层深厚、肥沃、排水良好、气候温凉的山谷或山坡下部落叶阔叶林中。

保护价值　太行榆是最近发现的榆属新种，是榆树种质资源树种，在植物区系研究上具有学术价值。木材坚硬致密，可作车辆、家具等用材。

太行榆

太行榆叶 1

太行榆叶 2

太行榆树皮

太行榆叶与翅果

太行榆翅果

十二、领春木科 Eupteleaceae

（二十）领春木属 *Euptelea*

22. 领春木 *Euptelea pleiospermum*

别名　云叶树、正心木

形态特征　落叶小乔木，高 5 ～ 15 m。树皮灰黑色，平滑，皮孔明显；小枝紫色或黑色；冬芽卵形，亮紫褐色。叶互生，纸质，圆卵形或近圆形，长 5 ～ 14 cm，宽 3 ～ 9 cm，先端渐尖，基部楔形，边缘具粗锯齿；近基部全缘，无毛，侧脉 6 ～ 11 对；叶柄纤细，长 3 ～ 6 cm。花两性，先叶开放，6 ～ 12 朵簇生；无花被；雄蕊 6 ～ 14 枚，花药红色，较花丝长，药隔顶端延长成附属物；心皮 6 ～ 12 枚，离生，排成 1 轮，子房歪斜，有长梗，无花被。翅果簇生，倒卵圆形，长 6 ～ 12 mm，先端圆，一侧凹缺，成熟时棕色，果梗长 7 ～ 10 mm；种子 1 ～ 2 粒，卵形，紫黑色。花期 4 ～ 5 月，果熟期 7 ～ 8 月。

分布与生境　产于河南省太行山、伏牛山区。生于海拔 1 000 m 以上的山谷杂木林中。

生态习性　多生于湿润、避风山谷沟壑、阴湿林缘，耐寒冷，怕干旱大风，喜温暖湿润气候，以在土层深厚、富含有机质的土壤中生长最好。幼树稍耐阴，随着树龄的增长，对光照的要求也逐渐增强。

保护价值　领春木为第三纪孑遗植物，单属种植物，稀有种。为典型的东亚植物区系成分的特征种，对研究古植物区系和古地理气候有重要的科学价值。花果成簇，红艳夺目，为优良的绿化观赏树木。

领春木

领春木叶

领春木翅果

十三、蓼科 Polygonaceae

（二十一）蓼属 *Polygonum*

23. 河南蓼 *Polygonum honanense*

形态特征 多年生草本，高约30 cm。根状茎粗短肥厚，近球形，具残留的老叶柄，多须根。茎细长近直立，有细沟纹，无毛。基生叶卵圆形，长约6 cm，宽4～5 cm，先端钝圆，基部近心形，边缘稍向外翻卷，无毛，叶柄长2～3 cm，茎生叶卵形或披针形，具短柄或近无柄；托叶鞘筒状，膜质，褐色，开裂，无缘毛。总状花序呈穗状，顶生，粉红色；花被淡红色，5深裂，雄蕊8枚，突出于花被之外；花柱3个。瘦果三棱形，长约3 mm，淡褐色，平滑有光泽。花期6～8月，果期8～9月。

分布与生境 产于河南省卢氏大块地、栾川老君山、嵩县龙池曼、南召宝天曼、西峡黑烟镇。生于海拔1 000 m以上的山坡、草地、灌丛中。

生态习性 喜光照充足、湿润之地，在土层深厚、富含有机质的土壤中生长最好。

保护价值 河南蓼为河南特有种。根状茎含鞣质和淀粉，可提制栲胶或酿酒。

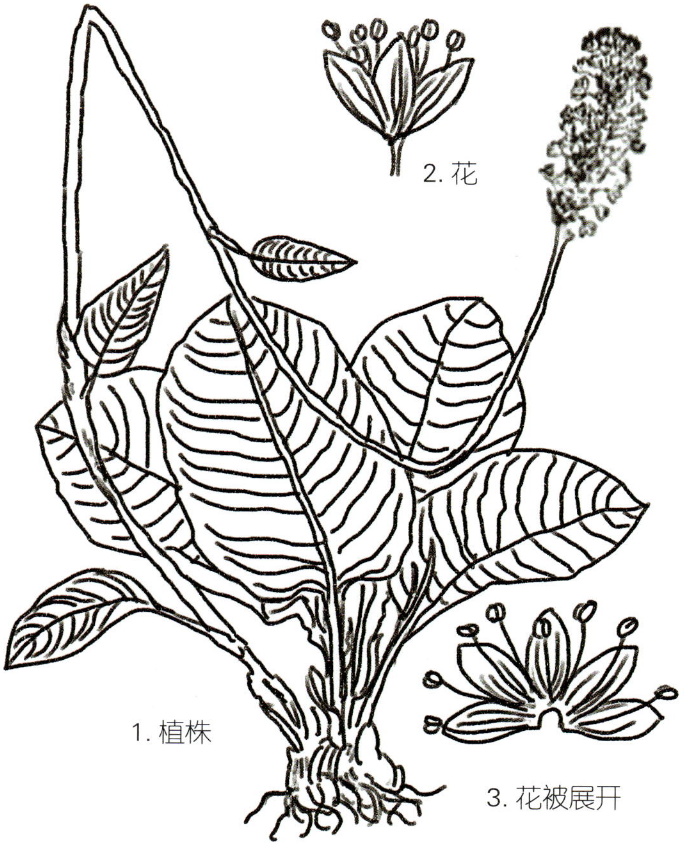

河南蓼植株示意

十四、毛茛科 Ranunculaceae

（二十二）芍药属 *Paeonia*

24. 紫斑牡丹 *Paeonia papaveracea*

别名　甘肃牡丹、西北牡丹

形态特征　落叶灌木，高 0.8～2 m；小枝圆柱形，微具条棱，基部具鳞片状鞘。叶为二回羽状复叶，长约 30 cm；小叶狭卵形或椭圆形，不分裂或三裂全缘。花顶生，直径约 15 cm，苞片常 4 枚，宽披针形；萼片 4 枚，近圆形，花瓣白色，近基部有一个紫红色斑点；雄蕊多数，花丝狭条形；花盘杯状，革质，包住心皮，花后不规则开裂。蓇葖果 5～7 枚，密被黄色短毛。花期 5 月，果熟期 7 月。

紫斑牡丹

分布与生境　主要分布于河南省内乡宝天曼、嵩县五马寺、南召乔端、济源黑龙山、灵宝亚武山。生于海拔 1 200～1 900 m 的山坡疏林或灌丛中。

生态习性　偏阴性树种，耐寒冷，喜温凉气候，怕夏日炎热和烈日暴晒。耐干旱，怕湿，湿度过大易遭病虫危害。一般在阳坡、半阳坡，在深厚肥沃、排水良好的沙壤土中生长茂盛，在中性、微酸性土壤中均可生长，不耐盐碱性土壤。

保护价值　紫斑牡丹是我国特产的野生牡丹原始种之一，渐危种。为牡丹杂交育种的优良种质资源。对培育牡丹新品种、丰富牡丹种质资源具有重要价值。根皮入药，与牡丹同称“丹皮”。

25. 杨山牡丹 *Paeonia ostii*

别名 野牡丹

形态特征 落叶灌木。二回羽状复叶，具长柄；小叶窄卵状披针形，通常不裂，小叶近无柄，稀具柄。花单生枝顶，花径 12.5 ～ 13 cm；苞片卵状披针形、椭圆状披针形或窄长卵形，下面无毛；萼片三角状卵圆形或宽椭圆形，先端尾尖；花瓣 11 枚，白色倒卵形，长 5.5 ～ 6.5 cm，宽 3.8 ～ 5 cm，先端凹缺，基部楔形；雄蕊多数，花药黄色，花丝暗紫红色；花盘暗紫红色；心皮 5 枚，密被粗丝毛，柱头暗紫红色。蓇葖果 5 枚，长 2 ～ 3.2 cm，密被褐灰色粗硬丝毛。种子长 0.8 ～ 1 cm，黑色，有光泽，无毛。花期 4 月中下旬。

分布与生境 产于河南省嵩县杨山、济源黑龙沟。生于海拔 1 200 m 左右的山坡灌丛中。

生态习性 偏阴性植物，喜温凉气候，耐干旱，怕湿。一般在半阳坡、深厚肥沃的沙壤土中生长茂盛。

保护价值 根皮作“丹皮”入药。可供观赏，为牡丹重要的种质资源。

杨山牡丹

杨山牡丹花序 1

杨山牡丹花序 2

26. 矮牡丹 *Paeonia jishanensis*

别名　延安矮牡丹

形态特征　落叶灌木，高 1.2 m。茎皮带褐色，具纵纹，二年生枝带灰色。二回羽状复叶。花单生枝顶，花瓣 10 枚，白色，部分微带红晕，基部淡紫红色。蓇葖果密被白灰色粗毛。种子黑色，有光泽，无毛。花期 4～5 月。

分布与生境　主要分布于山西、陕西。河南省济源市境内太行山区的黄背角发现了矮牡丹野生种群。

生态习性　喜温凉气候，耐寒性和耐旱性较强，中性、微酸性土壤均可生长。

保护价值　20 世纪五六十年代，矮牡丹作为名贵中药材曾被滥采乱挖，野生资源遭到严重破坏，导致其生境狭窄，种群数量非常少。矮牡丹为我国特有的野生珍稀植物，濒危种，为牡丹重要的种质资源。

矮牡丹

矮牡丹花药

矮牡丹果实

（二十三）金莲花属 *Trollius*

27. 金莲花 *Trollius chinensis*

别名 金梅草、金疙瘩

形态特征 多年生草本，茎高 30 ～ 70 cm，不分枝，无毛。基生叶 1 ～ 4 枚，具长柄，五角形，长 3.8 ～ 6.8 cm，宽 6.8 ～ 12.5 cm，三全裂，中间裂片菱形，三裂至近中部。二回裂片有少数小裂片和锐牙齿；倒生裂片全裂而又深裂。花单生或 2 ～ 3 朵花成聚伞花序，萼片 8 ～ 15 枚，黄色，椭圆状倒卵形，长 1.5 ～ 2.8 cm，宽 0.7 ～ 1.6 cm；花瓣与萼片近等长，狭线形，长 1.8 ～ 2.2 cm，宽 1.5 mm；雄蕊多数；心皮 20 ～ 30 枚。蓇葖果长 1 ～ 1.2 cm。花期 6 ～ 7 月，果熟期 8 ～ 9 月。

分布与生境 产于河南省太行山和伏牛山北坡。生于海拔 1 000 m 以上的山坡草地或疏林下。

生态习性 喜冷凉、湿润气候，耐寒。

保护价值 花供药用，治急、慢性扁桃体炎等。种子含油率 29%，供制皂和油漆。花大色艳，可供观赏。

金莲花 1

金莲花 2

（二十四）铁筷子属 *Helleborus*

28. 铁筷子 *Helleborus thibetanus*

别名　九牛七、双铃草

形态特征　多年生草本，高 30 ～ 50 cm，根状茎直径约 4 mm。茎上部分枝，基部生 2 ～ 3 枚鞘状叶。下部茎生叶 1 ～ 2 枚，有长柄；叶肾形或近圆形，宽 20 ～ 30 cm，鸡脚状三全裂，中央裂片长椭圆形，基部以上有锐锯齿，侧脉 7 ～ 11 对，侧裂片 3 全裂，稀 4 枚小叶，最上一裂片常有一深裂，其形均如中央裂片。花单生或 2 朵排成单歧聚伞花序；萼片 5 枚，粉红色，果期宿存；花瓣 8 ～ 10 枚，圆筒状漏斗形，长 5 ～ 6 mm；雄蕊多数，心皮 2 ～ 3 枚。蓇葖果稍扁，尖端有短芒尖，种子数多，球形，棕色。花期 4 月，果熟期 6 ～ 7 月。

分布与生境　产于河南省济源、灵宝、内乡、西峡等地。生于海拔 1 500 ～ 2 300 m 山地林中或灌丛中。

生态习性　耐寒性极强，高寒山坳冰雪还没完全融化，就开始发芽出土，展叶开花。分布于土壤肥沃湿润的山谷阴坡林地中，极耐荫蔽。

保护价值　铁筷子是我国特产的单种属植物。稀有种。生境狭窄，资源极少。由于其株形美观，开花发芽早，花大而鲜艳，具有很高的观赏价值。同时还是珍贵的药用植物。

铁筷子蓇葖果

铁筷子叶

（二十五）翠雀属 *Delphinium*

29. 灵宝翠雀 *Delphinium lingbaoensis*

别名 鸽子花、百部草

形态特征 多年生草本。茎直立，高约 140 cm，中部以上分枝。茎下部叶具长柄，叶片轮廓五角形，长 6 ～ 7 cm，宽 10 ～ 12 cm，三深裂近基部。伞房花序生茎顶端和枝顶端，花蓝紫色，长达 4.5 cm，萼片卵形或椭圆形。蓇葖果长 1.5 cm，种子褐色。花期 8 ～ 9 月，果期 9 ～ 10 月。

分布与生境 产于河南省灵宝。

生态习性 喜光植物，耐旱，耐寒，喜冷凉气候，生于旷野山坡、草地路旁、林缘。

保护价值 河南特有种。可供观赏。

灵宝翠雀

灵宝翠雀花

30. 河南翠雀 *Delphinium honanense*

别名　鸽子花、百部草

形态特征　多年生草本，高48～58 cm。茎不分枝，有纵棱，光滑无毛。基生叶花期枯萎。茎中下部叶具长柄；叶片五角形，长6～7 cm，宽7～10 cm，基部心脏形，三至五深裂，中间裂片短渐尖，不分裂或不明显三裂，中部以上有卵形牙齿。侧生裂片斜扇形，二深裂，表面疏生短硬毛，背面疏生小刚毛。总状花序有10朵花；花梗长8～26 cm，苞片三裂，花紫色，3.4～3.7 cm，萼片长圆形，长1.5～1.8 cm，先端钝尖，外部具柔毛或近光滑；花瓣黄色，全缘或2裂，退化雄蕊紫色，花药黑色，心皮3枚，子房无毛。花期6月，果熟期7～8月。

分布与生境　产于河南省西峡、南召、内乡等地。生于山坡或山谷林下阴湿地方。

生态习性　喜光植物，喜冷凉气候，耐干旱，耐寒，排水通畅的沙壤土生长良好。

保护价值　河南特有种。可供观赏。

河南翠雀

（二十六）黄连属 *Coptis*

31. 黄连 *Coptis chinensis*

别名　味连、川连、鸡爪连

形态特征　多年生草本。根状茎黄色，常分枝。叶基生，三全裂，长3～8 cm，宽2～4 cm，中间裂片具细柄，卵状菱形，羽状深裂，边缘具锐锯齿，侧生裂片不等的二深裂，叶柄长5～12 cm。花葶高12～25 cm；花序有3～8朵花；苞片披针形，羽状深裂；花小，萼片5枚，黄绿色，狭卵形，长9～12.5 mm，花瓣长5～7 mm；雄蕊约20枚，心皮8～12枚。蓇葖果长6～8 mm，有细柄。花期2～3月，果熟期4～6月。

黄连

分布与生境　河南省有零星栽培。

生态习性　喜冷凉、湿润、荫蔽环境，忌高温、干旱，在表土疏松肥沃、有丰富腐殖质层的微酸性土壤中生长良好。

保护价值　根状茎入药，有清热泻火、凉血、解毒、消肿的功效。

黄连叶

黄连花序

十五、木兰科 Magnoliaceae

（二十七）木兰属 *Magnolia*

32. 黄山木兰 *Magnolia cylindrica*

形态特征　落叶乔木，高 18 m。树皮灰白色，平滑；幼枝、叶柄被淡黄平状毛，二年生枝紫褐色。叶倒披针状长圆形或倒卵状长圆形，长 6 ～ 14 cm，宽 3 ～ 6 cm，先端尖或短尾状钝尖，基部圆形或楔形，背面灰绿色，被平伏短毛。花单生枝顶，白色，大，先叶开放，直径 10 ～ 12 cm；花被片 9 枚，外轮 3 片，极小，呈萼片状；内两轮白色，基部带紫红色，长 6.5 ～ 10 cm，宽 2.5 ～ 4 cm。聚合果圆柱形，长 5 ～ 7.5 cm，直径 1.8 ～ 2.5 cm，下垂，初绿色，成熟时暗紫黑色。花期 3 ～ 4 月，果熟期 9 ～ 10 月。

分布与生境　产于河南省新县连康山、商城金刚台。散生于海拔 300 ～ 1 000 m 的山坡林中。

生态习性　喜温暖、湿润的气候条件。河南省大别山区已是其分布北缘区域，多生长在山谷、阴坡中下部土层深厚肥沃的杂木林或山坡灌木丛中。其生长土壤为山地黄棕壤，酸性，富含腐殖质。中性树种，稍耐荫蔽，幼时在林冠下生长良好。耐水渍，水沟旁亦生长良好。

保护价值　黄山木兰是我国特有的木兰类植物。渐危种。材质优良，可制作家具、模具等。花可药用。树姿雄伟，花果美丽，可作观赏绿化树种。

黄山木兰叶

黄山木兰

33. 望春花 *Magnolia biondii*

别名 望春玉兰、迎春树

望春花

形态特征 落叶乔木。小枝绿色；冬芽密生淡黄色丝状毛。叶矩圆状披针形或卵圆状披针形，长 10 ～ 18 cm，宽 3.5 ～ 6.5 cm，先端急尖，基部圆形或楔形，表面无毛，背面沿脉有毛。花先叶开放，白色，大；萼片 3 枚，线形，长 8 ～ 11 cm，宽约 2 mm；花瓣 6 枚，匙形，长 5 cm，心皮细长，花柱弯曲。聚合蓇葖果呈不规则圆筒形，长 8 ～ 13 cm；种子深红色。花期 3 ～ 4 月，果熟期 8 ～ 9 月。

分布与生境 产于河南省伏牛山、大别山和桐柏山区。生于山坡或山沟杂木林中。

生态习性 喜温暖、湿润气候，忌水涝，幼苗较耐阴，成年植株喜阳光充足，喜肥沃、疏松、排水良好的壤土。

保护价值 望春花花蕾入药称辛夷，是我国传统的珍贵中药材，花含芳香油，可提制浸膏，供调配香皂及化妆用香精。木材可作家具、器具用材。树形美观，花色艳丽，是优良的绿化观赏树种。

望春花花序

望春玉兰叶

望春花果实

34. 朱砂玉兰 *Magnolia diva*

别名 紫玉兰

朱砂玉兰花序 1

形态特征 落叶乔木，高达 13 m，树皮灰色光滑；芽长圆形，先端圆钝，被淡黄绿柔毛。叶倒卵状长圆形，长 12 ～ 15 cm，宽 4.5 ～ 6 cm，先端急尖，基部楔形，背面被平贴细柔毛或几无毛；叶柄长 1 ～ 2.5 cm；托叶 1 对，早落，倒披针形。花先叶开放，大形，有芳香，白色而带玫瑰红色，直径 15 ～ 18 cm，萼片与花瓣 12 枚，无明显区别，匙形，长 8 ～ 10 cm，宽 3 ～ 3.5 cm。雄蕊长 15 mm，花丝紫红色，肥厚；雌蕊柱长约 3 cm，花柱深紫色。聚合果圆柱形，长 13 cm；蓇葖扁圆，成熟时褐色。花期 3 月，果期 6 ～ 7 月。

分布与生境 产于河南省伏牛山区的栾川、嵩县、卢氏等地。生于山沟或山坡杂木林中。

生态习性 喜温暖、湿润气候，喜光，略耐半阴，喜肥沃、排水良好而带微酸性的沙壤土。

保护价值 花蕾代辛夷、树皮代厚朴入药。材质优良，可作建筑、家具、器具等用材。花大，微带鲜玫瑰红色，极为美丽。可用作庭园观赏树种。

朱砂玉兰花序 2

（二十八）八角属 *Illicium*

35. 野八角 *Illicium lanceolatum*

别名 莽草

形态特征 常绿灌木或小乔木，高 3 ～ 10 m。树皮灰褐色。小枝绿色，无毛。叶互生或簇生于节上，呈轮生状，革质，倒披针形或披针形，长 5 ～ 15 cm，宽 2 ～ 4.5 cm，无毛；叶柄长 7 ～ 15 mm。花单生或 2 ～ 3 朵簇生叶腋，花被片 10 ～ 15 枚，数轮，覆瓦状排列，外轮较小，内轮深红色；心皮 10 ～ 13 枚。聚合果星芒状，蓇葖果瘦长，先端有长而弯曲的尖头。花期 5 月，果期 9 ～ 10 月。

分布与生境 产于河南省大别山及伏牛山南部的西峡、淅川等地。生于山坡或山沟杂木林中。

生态习性 喜冬暖夏凉的山地气候，在排水良好、肥沃湿润、偏酸性的沙壤土上生长良好。

保护价值 果与叶含芳香油；根有毒，入药，有行血祛瘀、杀虫的功效。种子有毒。叶可毒鱼。

野八角

野八角聚合果 1

野八角聚合果 2

野八角花

（二十九）含笑属 *Michelia*

36. 黄心夜合 *Michelia bodinieri*

别名　马氏含笑

形态特征　常绿乔木，高 10 ～ 20 m。叶革质，倒披针形或椭圆状披针形，长约 15 cm，宽约 5 cm，先端急尖或短渐尖，基部楔形，表面深绿色，有光泽，两面无毛，网脉不明显；叶柄长 2 cm。花单生叶腋或枝梢，黄色，花被片 6 ～ 8 枚，两轮；花梗粗壮。聚合蓇葖果穗状。花期 5 月，果期 9 月。

分布与生境　产于河南省伏牛山南部。生于海拔 1 000 m 以上的杂木林中。

生态习性　喜温暖、阴湿环境，较耐寒，在土层深厚、排水好而肥沃的酸性或微酸性土壤上生长良好。

保护价值　花、叶可提取芳香油。

黄心夜合叶

黄心夜合花

十六、樟科 Lauraceae

（三十）樟属 *Cinnamomum*

37. 猴樟 *Cinnamomum bodinieri*

别名 香树

形态特征 常绿乔木，高达 16 m。树皮红褐色；小枝圆柱形，紫色，无毛。叶互生，革质，卵形或椭圆状卵形，长 8 ～ 17 cm，宽 3 ～ 10 cm，先端短渐尖，基部圆形，上面绿色，有光泽，下面灰白色，中脉暗红色，侧脉 4 ～ 6 对；叶柄长 2 ～ 3 cm。圆锥花序，腋生，长 10 ～ 15 cm，花梗长 2 ～ 4 cm；花绿白色。浆果球形，径 7 ～ 8 mm，果托浅杯状。花期 5 ～ 6 月，果期 7 ～ 8 月。

分布与生境 在河南省大别山区的商城、新县有零星分布。生于海拔 400 ～ 1 000 m 的沟谷常绿、落叶阔叶混交林中。

生态习性 亚热带常绿树种。喜温暖湿润避风的林地环境，不耐寒冷。在土层深厚、肥沃湿润的酸性土上生长较快。

保护价值 猴樟在河南大别山区分布已达北界，极为罕见。濒危种。它是最近发现的新分布种，对于研究南北植物过渡及河南省植物地理区系有一定的意义。

木材坚韧，耐腐，有香气，为家具、纱锭、器具等的优良用材。种子可榨油，含油率 20%，供制肥皂或机器润滑油，根、干、枝、叶均可提取芳香油。亦是庭园绿化树种。

猴樟浆果

猴樟

38. 川桂 *Cinnamomum wilsonii*

别名　肉桂、官桂、香桂

形态特征　常绿乔木，高 16 m。叶互生或近对生，革质，卵形或长卵形，长 8 ～ 18 cm，宽 3 ～ 5 cm，表面绿色，有光泽，无毛，背面苍白色，幼时被绢状毛，后脱落，边缘软骨状反卷，具离基三出脉；叶柄长 1 ～ 1.5 cm。圆锥花序腋生长 4.5 ～ 10 cm，总梗长 1 ～ 6 cm；花梗细，长 6 ～ 20 mm；花白色；花被片 6 枚，两面疏生绢状毛；果具宿存全缘花被片。花期 6 ～ 7 月，果熟期 9 ～ 10 月。

分布与生境　产于河南省伏牛山南部和大别山区。生于山谷杂木林中。

生态习性　喜温暖、湿润气候，野外多生长于低山阴坡湿润处，常与壳斗科及樟科等树种混生。

保护价值　茎、枝、叶和果均含芳香油，用于食品或皂用香精的调和。树皮入药称官桂，有祛风、散寒、止痛等功效。

川桂树干

川桂叶

川桂果实

39. 天竺桂 *Cinnamomum japonicum*

别名 普陀樟

形态特征 常绿乔木，高15 m。树皮灰褐色，平滑。小枝无毛，绿色。单叶互生或对生，革质，全缘，矩圆形至椭圆形，长7～12 cm，宽2.5～3.5 cm，先端钝，基部狭，三出脉，全缘，表面深绿色，背面淡绿色，光亮无毛。花序腋生，排列成圆锥状聚伞花序。花两性，黄白色。核果卵圆形，成熟时紫黑色，生于杯状果托上。花期5～6月，果熟期9～10月。

分布与生境 产于河南省大别山、桐柏山和伏牛山南坡。生于海拔1 000 m以下沟、谷阔叶林中。

生态习性 亚热带常绿树种。喜温暖、湿润的森林环境，适生于土层深厚、湿润、质地疏松的微酸性土壤。偏阴性树种，要求侧方荫蔽。

保护价值 天竺桂为亚热带植物区系的特征种。渐危种。河南省是其分布的最北界线，具有一定的科学研究价值。木材材质优良，有香味，坚硬耐火，耐水湿，可作建筑、造船、家具等用材。枝叶和树皮可提取芳香油。树皮入药。种子可榨油，供制肥皂及润滑油。

天竺桂

天竺桂叶

天竺桂核果

天竺桂花序

（三十一）润楠属 *Machilus*

40. 大叶楠 *Machilus ichangensis*

别名　宜昌润楠、红楠

形态特征　常绿乔木，高 7 ～ 15 m。小枝无毛，暗红色，叶互生，革质，短圆状披针形或倒披针形，长 10 ～ 24 cm，宽 2 ～ 7.5 cm，先端突渐尖或近尾尖，基部楔形，表面黄绿色，背面苍白色。叶柄长 1.5 ～ 2 cm。花两性，圆锥花序，总梗长 3.5 ～ 5 cm，红色；花白色，花被片长 5 ～ 6 mm。子房近球形，果球形，直径 1.1 cm。花期 4 月，果期 8 ～ 9 月。

大叶楠

分布与生境　产于河南省大别山、桐柏山、伏牛山南坡。生于山沟杂木林中。

生态习性　喜温暖、湿润环境，野外多生长于低山阴坡湿润处，常与壳斗科及樟科等树种混生。

保护价值　木材为优良家具用材。树皮可作褐色染料，种子含油率约 50%，可制肥皂、润滑油。

大叶楠果序

大叶楠果实

（三十二）楠属 *Phoebe*

41. 紫楠 *Phoebe sheareri*

别名　金丝楠、紫金楠

紫楠叶

紫楠果实 1

紫楠果实 2

紫楠花序

形态特征　常绿乔木，高达 20 m。树皮浅灰褐色。小枝、芽、嫩叶、叶柄、花序、花被均密被黄褐色或灰黑色柔毛或茸毛。单叶互生，常集生于小枝顶端；叶革质，倒卵形、椭圆状倒卵形或倒卵状披针形，长 8 ～ 27 cm，宽 3.5 ～ 9 cm，先端突渐尖或尾尖，基部渐狭；叶柄长 1 ～ 2.5 cm。圆锥花序腋生，长 15 cm，密被锈色茸毛；花小，直径不到 5 mm，子房球形，无毛。果卵形，肉质，长约 1 cm，直径 5 ～ 6 mm，果梗略增粗，被毛；宿存花被裂片松散。花期 4 ～ 5 月，果熟期 9 ～ 10 月。

分布与生境　产于河南省大别山区的新县、商城、罗山及伏牛山区的西峡、内乡、南召、嵩县、淅川等地。生于海拔 1 200 m 以下的山谷、河溪林地。

生态习性　紫楠在我国分布广，从北亚热带到热带的海南岛均可生长。伏牛山南坡为其分布北界区域。为耐阴树种，具有较强的抗寒性，要求肥沃深厚的酸性土壤。

保护价值　紫楠为我国特有珍贵树种。材质坚硬，花纹美丽，边材淡灰色，心材淡褐色，结构细，刨面光滑，具丝状光泽，故有“金丝楠”的雅号，是上等家具用材，又是建筑、造船和贵重器具良材。树形挺秀，枝叶浓密，是很好的庭园树木。种仁可榨油，叶、材可提制芳香油。根、叶入药。

42. 竹叶楠 *Phoebe faberi*

形态特征　乔木，高16 m。全株无毛。小枝粗，黑色。叶互生，集生枝端，厚革质，狭长圆状披针形，长8～12 cm，宽2～3.5 cm，表面有光泽，中脉凹下，背面苍白色，中脉隆起，侧脉不明显。花序丛生枝端，花小，黄色。狭聚伞状圆锥形；花被片厚，卵圆状长圆形。果球形，直径8～10 mm；果梗稍增粗。花期5月，果熟期8～9月。

分布与生境　产于河南省伏牛山南部、大别山和桐柏山区。生于山谷或山坡杂木林中。

生态习性　喜温暖、湿润气候及较阴湿环境，深根性，萌蘖性强，生长较慢。

保护价值　木材坚实，不翘不裂，耐腐，可作建筑、家具等用材。

竹叶楠

竹叶楠叶

43. 山楠 *Phoebe chinensis*

别名　楠木

形态特征　常绿乔木，高达 10 m。小枝圆，无毛或近无毛，灰色或褐色。叶散布枝条上，厚革质，狭披针形至长圆状披针形，长 12 ～ 15 cm，宽 4 cm，先端渐尖，基部渐狭，表面绿色，背面淡绿色；叶柄长 2 ～ 4 cm。花序顶生，几与叶等长，总梗粗，花黄绿色，花被片卵圆状长圆形，有绿毛色，内面有硬毛，花丝基部稍被毛，子房无毛。核果球形，花被片紧抱。花期 5 月，果期 7 ～ 8 月。

分布及生境　产于河南省桐柏山和伏牛山南坡。生于山谷杂木林中。

生态习性　耐阴树种，适生于气候温暖、湿润，土壤肥沃的地方，特别是在山谷、山洼、阴坡下部及河边台地生长良好。

保护价值　木材致密，有香气，为家具优良用材。

山楠

（三十三）木姜子属 *Litsea*

44. 天目木姜子 *Litsea auriculata*

形态特征　落叶乔木，树皮灰色或灰白色，鳞片状剥落；小枝紫褐色。单叶互生，纸质，倒卵状椭圆形或宽椭圆形，全绿色，长 8 ～ 23 cm，宽 5 ～ 13.5 cm，先端钝尖或圆形，基部耳形，上面暗绿色，下面苍白色，被短柔毛；叶柄长 3 ～ 8 cm。花单性，雌雄异株，伞形花序簇生；先叶开放或与叶同放；花被片 6 枚，黄色，核果黑色，卵形或椭圆形。花期 3 ～ 4 月，果熟期 8 ～ 9 月。

生境与分布　河南省信阳鸡公山及伏牛山区的南召、内乡等有零星分布。生于海拔 500 ～ 1 000 m 的山坡杂木林中。

生态习性　天目木姜子分布的中心区域属亚热带季风气候。在北界鸡公山，生长繁茂，正常开花结实，但生长缓慢。阴性树种。喜温暖湿润和阴湿背风的气候条件。在富含腐殖质但排水良好

天目木姜子

的酸性或微酸性沙壤土上生长良好。

保护价值 天目木姜子为我国特产的稀有珍贵树种。濒危种。分布范围狭窄，数量较少。树干圆满通直，木材质重而致密，抗压力强，是桥梁、房屋建筑、家具及雕刻的优良用材。树形优美，叶硕大，先叶于花，结黑色核果，是一个具有潜在价值的绿化观赏树种。

天目木姜子叶

天目木姜子花序

天目木姜子枝干与花序

45. 黄丹木姜子 *Litsea elongata*

形态特征 常绿灌木或小乔木，幼枝、叶柄及花序密被褐色柔毛。叶互生，常聚生枝端，革质，椭圆状披针形、椭圆形或倒披针形，长 10～20 cm，宽 2.5～4 cm，先端急尖或渐尖，基部楔形，表面无毛，背面沿脉有柔毛，侧脉 5～20 对，在背面显著；叶柄长 1～2.5 cm。伞形花序单生，稀簇生；有花 4～5 朵；花被片 6 枚，雄蕊 9～12 枚。果长椭圆形，长 1.2 cm，常 2～3 个果着生一处，果托浅杯状。花期 4 月，果熟期 9 月。

分布与生境 产于河南省大别山和伏牛山南部。生于海拔 500 m 以上的山坡、路旁、沟谷杂木林中。

生态习性 中性偏阳性树种，适生于排水良好的酸性红壤、黄壤及山地棕壤。

保护价值 种子可榨油，供工业用。叶、花、果可提取芳香油。

黄丹木姜子伞形花序

黄丹木姜子果实

46. 豹皮樟 *Litsea coreana* var. *sinensis*

别名 扬子黄肉楠

豹皮樟

形态特征 常绿乔木，树皮灰棕色或灰白色，有斑纹，呈块状剥落。单叶互生；厚革质，矩圆形或披针形，长 5 ～ 8 cm，宽 1.7 ～ 2.8 cm，先端渐尖，基部楔形，全缘，上面绿色有光泽，下面苍白色，两面均无毛；羽状脉，侧脉 9 ～ 10 条；叶柄长约 1 cm，有毛。雌雄异株；伞形花序腋生，花梗粗，密生长柔毛；花被片 6 枚，雄蕊 9 枚，花药 4 室，内向，瓣裂；果近球形，直径 6 ～ 8 mm，成熟时紫黑色。花期 11 月，果熟期翌年 5 月。

分布与生境 产于河南省大别山区。生于海拔 400 ～ 800 m 的山坡杂木林中。

生态习性 为亚热带喜温暖湿润树种。生于土层深厚、肥沃、湿润的酸性或中性土壤。幼树耐荫蔽。

保护价值 豹皮樟为亚热带常绿阔叶林的特征种，为河南稀有树种之一。渐危种。木材有香气，结构细密，质略重，易加工，刨面光滑，纹理美丽，抗虫耐腐，可作家具及工艺品等用材。树冠浓密、美观，是很好的庭园绿化和观赏树种。其根入药。

豹皮樟树皮

豹皮樟伞形花序

豹皮樟叶

（三十四）山胡椒属 *Lindera*

47. 黑壳楠 *Lindera megaphylla*

别名 岩柴、楠木

黑壳楠

形态特征 常绿乔木，高达25 m。小枝紫黑色，无毛。叶互生，厚革质，倒披针状长矩圆形至倒卵状矩圆形，长15～24 cm，宽4～7 cm，先端急尖，基部楔形，上面深绿色，有光泽，下面灰绿色或稍带绿苍白色，网脉明显。伞形花序腋生；花单性异株，紫红色。浆果椭圆形至卵形，长1.8～2.2 cm，直径约1.3 cm，成熟时黑色，生于杯状果托上；果梗长约1.5 cm。花期3～4月，果熟期9～10月。

分布与生境 产于河南省大别山、桐柏山、伏牛山南坡。生于海拔800 m以下的山坡下部或沟谷、溪边杂木林中。

生态习性 黑壳楠是亚热带树种，喜温暖湿润气候。在河南南部的分布已是北缘地带。中性偏阴树种，幼树耐阴性较强。在荫蔽条件下，更新幼苗生长良好。

保护价值 黑壳楠为珍贵用材树种，是亚热带常绿林的特征种。渐危种。材质优良，纹理直，结构细，有光泽，边材黄褐色，心材灰红褐色，为优良的建筑、造船、家具等用材。果皮及叶含芳香油，种仁含油率47.6%，是制香皂的上等原料。枝叶终年亮绿色，可作观赏绿化树种。

黑壳楠花序与叶

黑壳楠叶

48. 河南山胡椒 *Lindera henanensis*

形态特征　落叶灌木。小枝褐色，无毛。叶椭圆形至椭圆状卵形，长 4 ～ 9.5 cm，宽 2 ～ 4 cm，先端渐尖，有时镰状弯曲，基部近圆形，背面淡绿色，侧脉 2 ～ 5 对，无毛，两面叶脉明显；叶柄长 5 ～ 10 mm，红色。伞形花序生于腋芽两侧；总苞片 4 枚，内有 4 朵花，花被片 6 枚，腹面有毛。果黑色。花期 4 月，果熟期 8 ～ 9 月。

分布与生境　产于河南省商城、新县。生于山坡灌丛及山沟杂木林中。

生态习性　阳性树种，喜光照，也稍耐阴湿，抗寒力强，耐干旱瘠薄，以湿润肥沃的微酸性沙壤土生长最为良好。

保护价值　河南山胡椒为河南特有种。叶、果可提取芳香油。

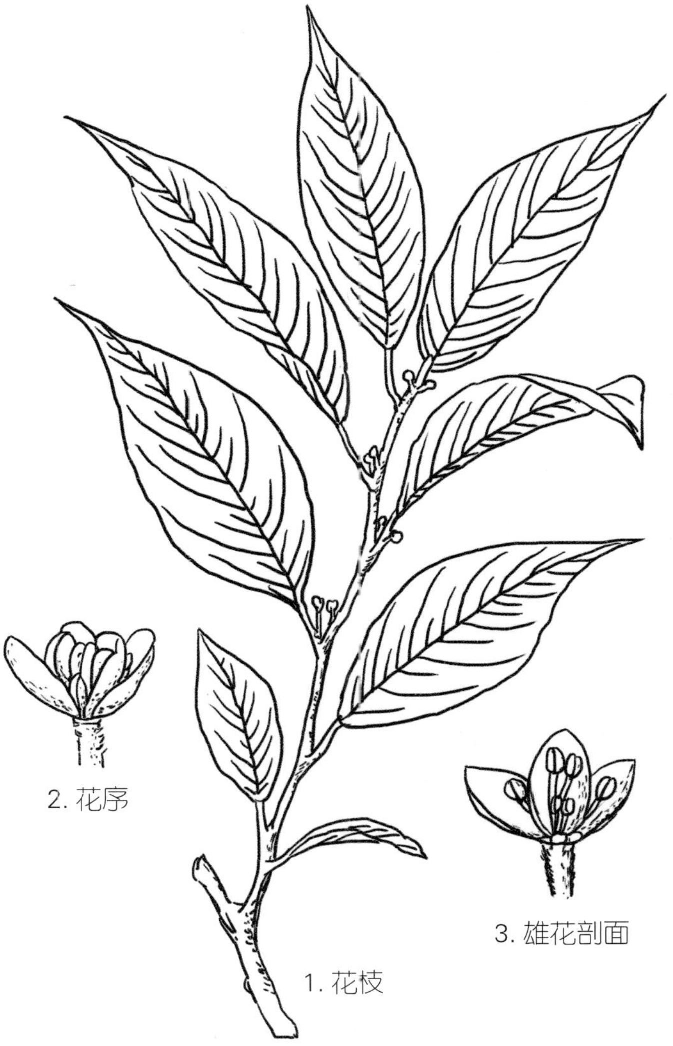

河南山胡椒示意

十七、金缕梅科 Hamamelidaceae

（三十五）枫香树属 *Liquidambar*

49. 枫香 *Liquidambar formosana*

形态特征 落叶乔木，高达 40 m。小枝被柔毛。叶宽卵形，掌状 3 裂，长 6 ～ 12 cm，边缘有锯齿，背面密生柔毛；叶柄长 4 ～ 11 cm，托叶红色，早落。花单性，雌雄同株；雄花排列成柔荑花序，无花被，雌花 25 ～ 40 枚，排列成头状花序，无花瓣，萼齿 5 枚，钻形，花后增大，子房 2 室，花柱 2 个。头状果序圆球形，宿存花柱和萼齿针刺状。种子多数，褐色，多角形或有窄翅。花期 4 ～ 5 月，果熟期 9 ～ 10 月。

分布与生境 产于河南省大别山、桐柏山和伏牛山南坡。生于海拔 1 000 m 以下的向阳山坡。

生态习性 喜光，抗风，稍耐旱，耐火，适应性强。

保护价值 树脂供药用，能解毒止痛，止血生肌；根、叶及果实亦可入药，有祛风除湿、通络活血的功效。树皮、叶可提制栲胶。木材可作建筑、家具、造纸等用材。深秋叶色转红色或黄色，十分鲜艳，是极好的绿色观赏树种。

枫香

枫香果序

（三十六）山白树属 *Sinowilsonia*

50. 山白树 *Sinowilsonia henryi*

山白树

形态特征　落叶小乔木，高可达6 m。树皮灰白色，小枝灰黄色，具星状短茸毛。单叶互生，倒卵形或椭圆形，长10～18 cm，宽5～11 cm，先端锐尖，基部圆形或浅心形，稍偏斜，边缘密生小锯齿。花单性，雌雄同株，无花瓣；雄花呈柔荑花序，雌花组成总状花序。果序长10～20 cm；蒴果卵圆形；种子长卵形，黑色，有光泽。花期5月，果熟期9～10月。

分布与生境　河南省各大山区均有零星生长。生于海拔1 000 m以上的山沟或山坡杂木林中。

生态习性　为偏阴性树种，生长较慢。生长土壤为疏松、肥沃、湿润的偏酸性土壤，对土壤厚薄要求不严格。通常生于湿润背风的山溪峡谷、天然森林植被完整及树种组成复杂的环境。

保护价值　山白树为我国特有的单种属古老稀

有植物，为我国亚热带向北分布的北界种，稀有种。木材致密坚硬，纹理直，可用于雕刻、建筑和制作家具。花可作蜜源植物。种子可榨油。叶大花香，果序垂悬，可作观赏树种。根系发达，固土保水能力强，是营造河岸防护林的树种之一。

山白树花序 1

山白树花序 2

山白树花序 3

山白树叶

十八、杜仲科 Eucommiaceae

（三十七）杜仲属 *Eucommia*

51. 杜仲 *Eucommia ulmoides*

别名 杜仲、丝楝树皮、丝棉皮

形态特征 落叶乔木，高达 20 m。树皮灰色，纵裂，枝、皮、叶、根均有银白色胶丝，小枝髓心片状。单叶互生，椭圆状卵形或椭圆形，长 6 ～ 18 cm，宽 3 ～ 7.5 cm，边缘有锯齿。花单性，雌雄异株，先叶开放或与叶同放。翅果椭圆形，基部楔形。顶端 2 裂，种子 1 粒。花期 4 月，果熟期 10 ～ 11 月。

分布与生境 河南省伏牛山区的西峡、内乡、南召等地有野生零星植株。垂直分布于海拔 900 ～ 1 600 m 的山林中。

生态习性 杜仲为喜光、深根性树种，生长较快，结实早。对气候的适应幅度很广，耐寒性也较强。最适宜生长在土层深厚、疏松、肥沃、湿润、排水良好、土壤 pH 值为 5 ～ 7 的地区。

保护价值 我国特有的单种属科植物，是第三纪残遗古老树种之一，稀有种。树皮入药，为贵重药材。其皮、叶、果中含丰富的杜仲胶，为硬性橡胶，是良好的绝缘材料。木材坚韧，白色，有光泽，纹理细致匀称，不翘不裂，耐腐朽，为家具、农具、舟车、建筑可用良材。是材、药兼用的优良绿化树种。

杜仲

杜仲白色胶丝

杜仲翅果

十九、蔷薇科 Rosaceae

（三十八）红果树属 *Stranvaesia*

52. 红果树 *Stranvaesia davidiana*

别名 红枫子

形态特征 常绿灌木或小乔木，高 1 ～ 10 m。枝粗壮，圆柱形，灰褐色，密被长柔毛。冬芽长卵形，红褐色。叶长圆形、长圆状披针形或倒披针形，长 5 ～ 12 cm，先端急尖，基部楔形至宽楔形，全缘，上面中脉凹下，沿中脉被灰褐色柔毛。复伞房花序，具多花；花瓣近圆形；花白色，花药紫红色。果近球形，深红色。花期 5 ～ 6 月，果熟期 9 ～ 10 月。

分布与生境 产于河南省伏牛山区南部的西峡、淅川、南召等地。生于山坡、山顶、路旁及溪中。

生态习性 阳性树种，喜温暖气候，稍耐瘠薄、干旱，生于山坡、路旁及灌木丛中。

保护价值 花白，果红色，可作为伏牛山南部及淮河以南园林观赏植物。

红果树果实

红果树花序

红果树叶

（三十九）石楠属 *Photinia*

53. 椤木石楠 *Photinia davidsoniae*

别名　椤木、水红树花、梅子树

形态特征　常绿乔木，高 6 ～ 15 m；小枝紫褐色或灰色，幼时有稀疏平贴柔毛，短枝常有刺。叶革质，长圆形或倒披针形，长 5 ～ 15 cm，宽 3.5 ～ 5 cm，先端急尖或渐尖，有短尖头，基部楔形，边缘有具腺的细锯齿而反卷，表面光亮；中脉幼时贴生短柔毛，侧脉 10 ～ 12 对；叶柄长 0.8 ～ 1.5 cm。复伞房花序顶生；有多花；花白色，直径 10 ～ 12 mm；花瓣圆形，两面无毛。梨果黄红色，近球形或卵形，直径 7 ～ 10 mm。花期 5 月，果熟期 9 ～ 10 月。

分布与生境　产于河南省伏牛山南部及大别山区。生于海拔 1 200 m 以下的山谷杂木林中。

生态习性　喜温暖湿润和阳光充足的环境。耐寒，耐阴，耐干旱，不耐水湿，萌蘖性强。

保护价值　枝繁叶茂，树冠圆球形，早春嫩叶绛红，初夏白花点点，秋末果实累累，艳丽夺目。可作园林绿化树种。

椤木石楠树干

椤木石楠叶

（四十）太行花属 *Taihangia*

54. 太行花 *Taihangia rupestris*

形态特征　多年生草本，根茎粗壮，花葶高 4 ～ 15 cm。叶基生，单叶，叶片卵形或椭圆形，长 2.5 ～ 10 cm，宽 2 ～ 8 cm，先端圆钝，基部截形或圆形，边缘有粗大钝齿或波状圆齿，上面绿色无毛，下面淡绿色，几无毛或基部脉上有极稀疏柔毛；叶柄长 2.5 ～ 10 cm。花雄性和两性同株或异株，单生顶端，稀 2 朵，直径 3 ～ 4.5 cm；花瓣 5 枚，白色，倒卵状椭圆形；雄蕊多数，着生于萼筒边缘；花盘杯状，雌蕊多数。瘦果长 3 ～ 4 mm，被疏柔毛。花果期 5 ～ 8 月。

分布与生境　产于河南省太行山区。生于海拔 1 100 ～ 1 300 m 处的阴坡山崖石壁上。

生态习性　太行花是一种喜钙的中性偏旱生性植物，既耐干旱瘠薄，又耐侧方荫蔽。生长在岩壁上，土壤及水分缺乏，生态狭窄，植株极少。

保护价值　太行花为河南省特产的一种矮小草本植物。植株是两倍体，花的结构由两性花向单性花演变，在蔷薇亚科中处于独特的分类地位，对于阐明植物类群的起源和进化，有较重要的科学价值。稀有种。太行花洁白如梨花，是很好的观赏植物。

太行花

太行花花瓣

太行花叶

（四十一）苹果属 *Malus*

55. 河南海棠 *Malus honanensis*

别名　大叶毛栌、冬绿茶、山里锦

河南海棠

形态特征　灌木或小乔木，高达 5 ～ 7 m。小枝细弱，老枝红褐色，无毛；叶片宽卵形至长椭圆形，长 4 ～ 7 cm，宽 3.5 ～ 6 cm，先端急尖，基部圆形、心形或截形，边缘有尖锐重锯齿；叶柄长 1.5 ～ 2.5 cm，疏生柔毛。伞房花序，有花 5 ～ 10 朵，花梗长 1.5 ～ 3 cm，幼时有毛，后脱落；花粉红色，萼筒疏生柔毛，裂片三角状卵形，花瓣卵形；花柱 3 ～ 4 个，基部合生，无毛。果实近球形，直径约 8 mm，红黄色，萼片宿存。花期 4 ～ 5 月，果熟期 8 ～ 9 月。

分布与生境　产于河南省太行山和伏牛山区。生于海拔 800 m 以上的疏林中。

生态习性　喜光，不耐阴，对严寒及干旱气候有较强的适应性，多生于山谷或山坡丛林中，以在深厚肥沃、微酸性至中性黏壤中生长最好。

保护价值　果实可酿酒、制醋。可作庭园观赏树种。用作苹果砧木。

河南海棠花序

河南海棠果实和叶

二十、槭树科 Aceraceae

（四十二）金钱槭属 *Dipteronia*

56. 金钱槭 *Dipteronia sinensis*

形态特征 落叶乔木，高 10 ～ 15 m。小枝灰绿色，密生皮孔。奇数羽状复叶，小叶通常 7 ～ 13 枚，纸质，长卵形或长圆状披针形，最下一对有时 3 裂或成 3 枚小叶，长 4 ～ 10 cm，宽 2 ～ 4 cm；先端锐尖，基部阔楔形或近圆形，边缘具疏钝锯齿，背面脉腋及脉上有白色短毛；叶柄长 5 ～ 7 cm。圆锥花序长 15 ～ 30 cm；花杂性，白色，直径 2.5 mm；子房扁平，有长硬毛。翅果长 2.5 cm，周围有翅，幼时红色，有长硬毛，成熟后变黄色，无毛。花期 5 月，果熟期 8 ～ 9 月。

金钱槭

分布与生境 产于河南省伏牛山区的栾川、卢氏、灵宝、嵩县、洛宁、西峡、内乡、南召、鲁山等地。生于海拔 1 000 ～ 2 000 m 的山谷杂木林中。

生态习性 弱阳性树种，幼时也较耐阴。耐寒性较强。对土壤要求不严格，喜生于土层深厚、湿润疏松的沙壤土。深根性，主根明显，侧根较发达，抗风力较强。萌芽力和根萌蘖力亦较强。

保护价值 为我国特有的古老树种，是温带东亚区系成分的残遗属、种。在植物系统演化研究上具有科学价值。木材致密，纹理通直，花纹美观，有光泽，耐腐，耐磨损，物理性较好，是良好的家具、枕木、建筑等用材。树冠圆整，枝繁叶茂，果实形状很似古老的铜钱，富有观赏价值。为优良的园林绿化树种。

金钱槭叶

金钱槭翅果

（四十三）槭属 *Acer*

57. 杈叶槭 *Acer robustum*

形态特征　落叶乔木，高达 10 m。小枝青褐色，无毛，幼时带白粉。叶膜质，掌状 7～9 裂，长约 6 cm，宽 7～10 cm，基部心形或截形；裂片卵形，先端尾状渐尖，边缘有尖锐重锯齿；背面脉腋有白色簇毛；叶柄细，长达 5 cm。伞房花序顶生，萼片紫色，长椭圆形；花瓣绿色，阔倒卵形，长 3 mm，宽 2～3 mm；子房疏生茸毛或无毛，翅果长 2.5 cm，幼时绿色，成熟时紫色，翅张开成钝角。花期 5 月，果熟期 9 月。

分布与生境　产于河南省伏牛山区的灵宝、栾川、嵩县、卢氏、洛宁、鲁山、西峡、南召、内乡等地。生于海拔 1 200 m 以上的山谷或山坡杂木林中。

生态习性　弱阳性树种，耐寒性较强，喜生于土层深厚、湿润疏松的沙壤土。

保护价值　木材可用于制作家具、器具等；种子可榨油，供工业用。可作为庭园观叶植物。

杈叶槭

杈叶槭叶

杈叶槭翅果与叶

58. 重齿槭 *Acer maximowiczii*

别名 马氏槭、五尖槭

重齿槭叶 1

重齿槭叶 2

形态特征 落叶乔木，高 5 ～ 12 m。树皮灰色，光滑。小枝无毛，暗紫色；冬芽无毛。叶纸质，卵形或三角状卵形，长 8 ～ 11 cm，宽 6 ～ 9 cm，掌状分裂，基部心形，两侧裂片甚小；中裂伸长，叶先端尾状锐尖；边缘有尖锐重锯齿，背面带粉白色，脉腋有簇毛；叶柄长 5 cm。总状花序生于侧枝顶端，花黄绿色，单性，雌雄异株。翅果幼时紫色，成熟后黄褐色，长约 2.5 cm；小坚果扁或稍凸起，两翅张开成钝角。花期 5 月，果熟期 8 ～ 9 月。

分布与生境 产于河南省伏牛山区的灵宝、栾川、卢氏、鲁山、西峡、内乡等地。生于海拔 1 500 m 以上的山沟或山坡杂木林中。

生态习性 弱阳性树种，稍耐阴，喜温凉、湿润气候，对土壤要求不严，在中性、酸性土壤上均能生长，但以土层深厚、肥沃及湿润之地生长最好。

保护价值 速生用材树种。木材可作建筑、家具等用材。种子可榨油制肥皂。嫩叶可作野菜。

59. 飞蛾槭 *Acer oblongum*

别名　旱发芽

飞蛾槭

飞蛾槭叶与翅果

形态特征　落叶或半常绿乔木，高 10 ～ 20 m。叶近革质，长圆形或卵形，长 5 ～ 12 cm，宽 3 ～ 4 cm，全缘，先端尖或短尾尖，基部圆形或阔楔形，背面有白粉；叶柄长 1.5 ～ 4 cm。圆锥花序顶生；花杂性，淡绿色；萼片 5 枚，花瓣 5 枚，雄蕊生花盘内侧，子房有短柔毛。翅果长 2.5 cm，黄褐色；坚果凸出，两翅平行开展成锐角。花期 5 月，果熟期 9 月。

分布与生境　产于河南省伏牛山区的嵩县、卢氏、西峡、南召、内乡、淅川等地。生于海拔 1 200 m 以下的山谷或山坡杂木林中。

生态习性　喜阳，亦能耐阴，不耐水湿和干旱，在湿润、排水好的土壤上生长良好。

保护价值　种子可榨油，用于制作肥皂；木材可作建筑、家具、器具及南阳冬青木烙花筷等的用材，也是庭园观叶观果树种。

二十一、七叶树科 Hippocastanaceae

（四十四）七叶树属 *Aesculus*

60. 七叶树 *Aesculus chinensis*

别名 桉罗树

形态特征 落叶乔木，高达 20 m，树皮灰褐色。掌状复叶对生，叶柄长 6 ～ 10 cm；小叶 5 ～ 7 枚，纸质，长倒披针形或矩圆形，长 9 ～ 16 cm，宽 3 ～ 3.5 cm，边缘具钝尖的细锯齿，背面及基部幼时有疏柔毛，侧脉 13 ～ 17 对。圆锥花序，花杂性，白色。蒴果球形，种子近球形，种脐浅白色。花期 5 ～ 6 月，果熟期 9 ～ 10 月。

分布与生境 产于河南省伏牛山区的卢氏、栾川、嵩县、西峡、南召、内乡等地。生于海拔 1 500 m 以上的山沟杂木林中。

生态习性 喜光性树种，适于温和气候和湿润环境，也能耐寒；生长快，寿命长。

保护价值 材质轻软，易加工，可作造纸原料和家具及工艺品用材。树皮及根含有碱，可制肥皂；种子入药，还可榨油和制取淀粉。叶可制黑色染料，花可作黄色染料。嫩芽可做菜。它是城市园林绿化的优良行道树和庭园观赏树木。

七叶树

七叶树花序与叶

七叶树蒴果

61. 天师栗 *Aesculus wilsonii*

别名　猴板栗、七叶树

形态特征　落叶乔木，高 15 ～ 20 m。掌状复叶对生，小叶 5 ～ 7 枚，长倒卵形、矩圆形或倒披针形，长 10 ～ 25 cm，宽 4 ～ 8 cm，边缘具有稍向内弯的小锯齿，背面有茸毛或长柔毛，侧脉 15 ～ 20 对，小叶柄长 1.5 ～ 2 cm。圆锥花序顶生，直立，两性花位于下部。蒴果黄褐色，卵圆形；种子近于球形，栗褐色，种脐淡白色。花期 5 ～ 6 月，果熟期 9 ～ 10 月。

分布与生境　产于河南省伏牛山区的卢氏、栾川、嵩县、西峡、南召、内乡等地。生于海拔 1 500 m 以上的山沟杂木林中。

生态习性　弱阳性树种，喜温暖、湿润气候，不耐寒，深根性，生长慢，寿命长。

保护价值　种子榨油供制肥皂。木材可作建筑、家具、器具等用材。

天师栗

天师栗叶与花序

天师栗花序

二十二、清风藤科 Sabiaceae

（四十五）泡花树属 *Meliosma*

62. 珂楠树 *Meliosma beaniana*

珂楠树

形态特征 乔木，高可达 25 m。小枝被褐色茸毛。奇数羽状复叶，长 15 ～ 35 cm，小叶 5 ～ 13 枚，纸质，卵形或狭卵形，长 5 ～ 15 cm，宽 2.5 ～ 3.5 cm，先端渐尖，基部阔楔形，边缘具稀疏小锯齿。圆锥花序生于枝上部叶腋，常数朵集生近枝端，广展而下垂，花淡黄色；花盘杯状，膜质，与子房等长；子房无毛。核果球形，直径 6 ～ 7 mm，成熟时黑色。花期 5 ～ 6 月，果熟期 8 ～ 10 月。

分布与生境 产于河南省伏牛山南坡和大别山区。生于山谷杂木林中。

生态习性 喜温暖、湿润气候，不耐寒，在土层深厚、肥沃湿润之地生长良好。

保护价值 木材坚硬，可作建筑、车辆、家具等用材。种子榨油供工业用。

珂楠树花序

珂楠树叶

63. 暖木 *Meliosma veitchiorum*

暖木

暖木叶

形态特征　落叶乔木，高可达 20 m。树皮灰色，呈不规则的薄片状脱落；幼枝被褐色柔毛，小枝粗壮。奇数羽状复叶，长 60 ～ 90 cm，小叶 7 ～ 11 枚，纸质，卵形或卵状椭圆形，长 7 ～ 15（20）cm，宽 4 ～ 8（10）cm，先端渐尖，基部楔形或近圆形，全缘或有粗锯齿；侧脉 6 ～ 12 对。圆锥花序顶生，直立，长 20 ～ 45 cm，分枝粗壮，有明显皮孔；花白色。核果球形，直径约 1 cm，成熟时黑色。花期 5 ～ 6 月，果熟期 9 ～ 10 月。

分布与生境　产于河南省伏牛山区的栾川、嵩县、灵宝、卢氏、鲁山、西峡、南召、内乡及大别山区的商城等地。生于海拔 1 200 m 以上的山谷杂木林中。

生态习性　喜温暖、湿润气候，较耐寒，在土层深厚、排水好而肥沃土壤上生长良好。

保护价值　木材可作建筑、家具等用材。嫩叶可作野菜食用，是中山发展的用材树种。

二十三、鼠李科 Rhamnaceae

（四十六）马甲子属 *Paliurus*

64. 铜钱树 *Paliurus hemsleyanus*

别名 刺椋子

形态特征 乔木，高达 15 m。树皮暗灰色。小枝细长，无毛。叶互生，宽卵形或椭圆状卵形，长 4 ～ 10 cm，宽 2.5 ～ 9 cm，先端尾尖或短尖，基部稍偏斜，宽楔形或圆形，边缘具圆锯齿或细锯齿，两面无毛，基生三出脉；叶柄长约 1 cm。聚伞花序顶生或腋生，花黄绿色。果实周围有薄翅，紫褐色，无毛，直径 2 ～ 3 cm；大小形状如铜钱，圆形。花期 5 月，果熟期 10 月。

铜钱树

分布与生境 产于河南省伏牛山南部、桐柏山和大别山区。生于山坡或山谷林间。

生态习性 喜光，稍耐阴，喜温暖气候及肥沃、湿润而排水良好的微酸性土壤，耐寒性不强，生长缓慢，萌蘖性强。

保护价值 树皮含鞣质，可提制栲胶。木材坚韧，纹理致密，可作家具、器具等用材。果实大如铜钱，可作庭园观果树木。

铜钱树花序与叶 1

铜钱树花序与叶 2

二十四、猕猴桃科 Actinidiaceae

（四十七）猕猴桃属 *Actinidia*

65. 河南猕猴桃 *Actinidia henanensis*

别名　洋桃

形态特征　大型落叶木质藤本。小枝红褐色，髓心小，片层状。叶近圆形、广卵形或倒卵形，长 9 ～ 13 cm，宽 3.5 ～ 8.5 cm，先端尾状急渐尖，基部圆形，边缘具软骨质锐锯齿，表面无毛，背面稍被霜粉，呈浅粉绿色，侧脉 6 ～ 7 对；叶柄长 3 ～ 4 cm。聚伞花序 3 ～ 5 朵花，萼片 5 枚，黄绿色；花瓣黄绿色，倒卵形。果实圆柱形，长约 4.5 cm，宽可达 3.7 cm，幼时黄绿色，成熟时暗红色，无毛，无斑点。种子褐色，近圆形。花期 6 月上旬，果熟期 9 月中旬。

河南猕猴桃

分布与生境　产于河南省伏牛山区的卢氏、内乡等地。生于海拔 800 ～ 1 300 m 的山林中。

生态习性　喜温暖湿润、避风、光照充足、土地肥沃、排水良好的林地环境。怕大风、干旱，亦怕涝。喜侧方阳光，怕强光直射。

保护价值　河南猕猴桃为新近发现的新种。为河南特有种，数量极少，稀有种。果实富含维生素 C，含糖量高，比中华猕猴桃甜。可生食及加工制成各种食品，并具有一定医疗效果，具有很高的综合利用价值。

河南猕猴桃叶

二十五、山茶科 Theaceae

（四十八）紫茎属 *Stewartia*

66. 紫茎 *Stewartia sinensis*

别名 旃檀、马骝光

形态特征 落叶小乔木。树皮灰黄色，平滑，呈纸层剥落；单叶互生，椭圆形或长圆状椭圆形，长 6 ～ 10 cm，宽 2 ～ 4.5 cm，先端渐尖，基部楔形或近圆形，边缘有浅锯齿，上面光滑，下面微有柔毛，叶柄带红色。花两性，白色单生叶腋，苞片 1 枚，卵圆形先端尖，外面近无毛；花瓣 5 枚；雄蕊多数，子房 5 室，有柔毛。蒴果近球形，有 5 条棱；种子深褐色。花期 6 ～ 7 月，果熟期 9 ～ 10 月。

紫茎

紫茎叶

紫茎蒴果

分布与生境 产于河南省商城金刚台和黄柏山、新县连康山、内乡宝天曼。生于海拔 800 ～ 1 600 m 常绿、落叶阔叶混交林林中或林缘。

生态习性 亚热带树种。偏阴性，幼年耐荫蔽。喜生于肥沃湿润的酸性至中性土壤上。

保护价值 紫茎为我国稀有树种，河南为其北界分布区域，对研究河南植物区系有一定的科学价值。树皮光滑美丽，花大，白色，色泽鲜艳，是优美的庭园观赏树木。木材色泽鲜艳，材质坚重，经久耐用，可作家具及细木工用材。种子可榨油，供工业用。

67. 陕西紫茎 *Stewartia shensiensis*

别名　猴不上

形态特征　小乔木。大树皮光滑，嫩枝有长柔毛。叶薄，革质，椭圆形，长 5 ～ 7 cm，宽 2.5 ～ 3.2 cm，先端锐尖，基部楔形，上面稍发亮，下面沿中脉被柔毛；侧脉 5 ～ 7 对，边缘有锯齿；叶柄长 5 ～ 8 mm。花腋生，白色，花柄长 5 ～ 7 mm，苞片长圆形，长 1.2 cm，宽 5 ～ 6 mm，有柔毛；萼片长圆形，长 8 ～ 12 mm，被柔毛；花瓣长 1.7 cm，其中 4 枚长圆形，宽 6 ～ 7 mm，最短 1 片卵形，宽 1 cm，背面有绢毛；雄蕊长 1.2 ～ 1.5 cm；子房有长柔毛；花柱先端 5 裂。蒴果长 1 cm。花期 7 月，果熟期 9 ～ 10 月。

陕西紫茎叶

分布与生境　产于河南省内乡宝天曼、南召乔端。生于海拔 800 ～ 1 600 m 的山谷及溪流两岸。

生态习性　喜凉润气候，适宜生于土层深厚和疏松肥沃的酸性红黄壤或黄壤。

保护价值　为秦岭山脉的特有种，我国稀有特有植物。数量极少，分布范围狭窄。

陕西紫茎树干

陕西紫茎蒴果

二十六、省沽油科 Staphyleaceae

（四十九）瘿椒树属 *Tapiscia*

68. 银鹊树 *Tapiscia sinensis*

别名 瘿椒树

形态特征 落叶乔木，高达 15 m。幼树皮红褐色，老树皮淡褐色，小枝无毛；芽卵形。奇数羽状复叶，长达 30 cm；小叶 5 ～ 9 枚，狭卵形或卵形，长 6 ～ 14 cm，宽 3.5 ～ 6 cm，基部圆形或近心形，边缘具锯齿，无毛，背面粉绿色；叶柄长达 12 cm。圆锥花序腋生，雄花序长达 25 cm，雌花序长达 10 cm，花小，黄色，有香气。果序长达 10 cm，核果近球形，长仅达 7 mm；成熟时由黄绿色变红黄色，最后为紫黑色。花期 6 ～ 7 月，果熟期 9 ～ 10 月。

银鹊树

银鹊树叶形

银鹊树核果

分布与生境 河南省内乡宝天曼、西峡二郎坪有零星散生。生于海拔约 1 000 m 的山坡和溪谷旁。

生态习性 银鹊树为亚热带树种。喜冬无严寒、夏不酷热、雨量充沛、空气湿度较大的温凉湿润环境。中性偏阳性树种。怕旱不怕涝，耐寒性较强。

保护价值 银鹊树为我国特有的古老树种之一，是第四纪冰川的残遗种类。河南地理新分布的树种。稀有种。树体高大，木材纹理直而美观，质轻结构细，易加工，可作家具、模型及室内装饰用材。叶大，花色鲜黄，有香气，果实鲜艳，经久不落，宜作绿化观赏树种。

二十七、五加科 Araliaceae

（五十）刺楸属 *Kalopanax*

69. 刺楸 *Kalopanax septemlobus*

形态特征　落叶乔木，高10～30 m。枝干生粗大皮刺。叶在长枝上互生，在短枝上簇生，掌状5～7浅裂，先端渐尖，基部心形，背面幼时有短柔毛，边缘呈细锯齿状。顶生圆锥花序，长15～25 cm，花白色或淡绿黄色。果实球形，蓝黑色。花期7～10月，果熟期9～12月。

分布与生境　产于河南省各大山区，尤以内乡、南召为多。生于山地疏林中。

生态习性　适应性强，耐寒、耐旱，适应土层深厚湿润的酸性土或中性土，在阳坡石质山地也能生长。

保护价值　刺楸叶形美观，叶色浓绿，树干通直挺拔，适合作行道树或园林配植，是良好的造林用材及绿化树种。刺楸木质坚实，纹理美观，有光泽，耐摩擦，易加工，可作建筑、家具、枕木、车辆、造船、乐器、雕刻等用材。种子可榨油，根皮入药，嫩叶可食，树皮可制栲胶。

刺楸

刺楸叶 1

刺楸树干 1

刺楸树干 2

刺楸叶 2

（五十一）人参属 *Panax*

70. 大叶三七 *Panax pseudoginseng*

别名　竹节参、竹节三七

形态特征　多年生草本，高达 1 m。根状茎横走，竹鞭状或串珠状，根通常不膨大。掌状复叶，3～5 枚轮生于茎顶；叶柄长 5～10 cm；小叶 3～5 枚，椭圆形或倒卵形，中央小叶较大，长 5～15 cm，宽 2.5～6.5 cm，先端渐尖或急尖，基部楔形或圆形，边缘有锯齿。伞形花序常单生枝顶，萼缘有 5 齿；花瓣 5 枚；雄蕊 5 枚；子房下位，2～5 室；花柱中部以下合生，果时外卷。果球形或肾状球形，成熟时红色；种子乳白色，三角状长卵形。花期 6～8 月，果期 8～10 月。

大叶三七

大叶三七花序

大叶三七果实

大叶三七根

分布与生境　产于河南省伏牛山、太行山区。生于海拔 800～1 400 m 的山谷林下水沟边或阴湿岩石旁。

生态习性　喜温暖、阴湿环境，怕严寒、酷暑，在微酸性的疏松红壤或棕红壤上生长良好。

保护价值　根状茎名“竹三七”，全草入药，有滋补强壮、散瘀止血的功效；叶生津止渴、清虚热、解酒毒。

二十八、杜鹃花科 Ericaceae

（五十二）杜鹃花属 *Rhododendron*

71. 河南杜鹃 *Rhododendron henanense*

形态特征　常绿灌木，高 3 ～ 5 m。小枝粗壮，幼枝绿色。叶互生，多密生于小枝端，革质，椭圆形或长圆状椭圆形，长 7 ～ 9 cm，宽 3 ～ 9 cm；先端圆形，具小尖头，边全缘，干后反卷，表面暗绿色，背面苍白色，无毛；叶柄粗壮，无毛。花两性，12 ～ 13 朵组成总状伞形花序；花序轴长 1 ～ 1.5 cm，被黄色毛，花萼被黄色柔毛，5 裂，花冠钟状，白色，5 裂，雄蕊 10 枚，不等长。蒴果矩圆形，微弯曲。花期 4 ～ 5 月，果期 9 ～ 10 月。

河南杜鹃

分布与生境　产于河南省伏牛山区的卢氏、嵩县及灵宝小秦岭。生于海拔 1 800 m 以上的灌丛和林中。

生态习性　多生长在高寒、湿润的山坡或山顶。极耐寒冷。喜排水良好的酸性土壤。

保护价值　河南杜鹃为河南省伏牛山地新发现的特有种，渐危种。它对河南省森林植被的演替发展和植物区系的研究具有一定的科学意义。终年常绿，枝干遒劲，花大而美丽，是珍贵的观赏花木。

河南杜鹃花 1

河南杜鹃花 2

72. 太白杜鹃 *Rhododendron purdomii*

太白杜鹃

形态特征　常绿灌木或小乔木，高 2 ～ 5 m。幼枝被微毛或近无毛；枝粗壮。叶革质，长圆状披针形或长圆形，先端钝圆，具突尖，基部圆形或楔形，边缘反卷；表面暗绿色，具光泽，无毛，微皱；背面淡绿色，无毛，网脉明显；叶柄粗壮。顶生总状伞形花序，花可达 16 朵；花萼小，杯状，花冠钟形，淡粉红色或近白色；5 裂，圆形；雄蕊 10 枚，花丝下部被白色柔毛；子房锥形，花柱无毛。蒴果圆柱形，微弯，有红褐色柔毛或近无毛。花期 4 月下旬至 5 月上旬，果熟期 7 ～ 9 月。

分布与生境　产于河南省伏牛山区的嵩县、栾川、鲁山、西峡、南召、卢氏等地。生于海拔 1 800 m 以上的山坡林中。

生态习性　喜凉爽、湿润气候，耐干旱、瘠薄，极耐寒冷，喜排水良好的酸性土壤。

保护价值　花入药可治久喘，并有健胃、顺气和调经的功效。

太白杜鹃叶

太白杜鹃花

73. 灵宝杜鹃 *Rhododendron henanense* subsp. *lingbaoense*

形态特征 常绿灌木，高 3 ～ 5 m。小枝粗壮，幼枝绿色。叶互生，多密生于枝端，薄革质，长圆形或倒卵状长圆形，先端圆形并有细锯齿，基部圆形，长 5 ～ 8 cm， 宽 2.5 ～ 4 cm。总状伞形花序；花较小，花冠长 2.5 cm。蒴果，微弯曲。花期 4 ～ 6 月，果期 9 ～ 10 月。

分布与生境 产于河南省灵宝、栾川。生于海拔 1 700 m 以上的山坡灌丛中。

生态习性 生长于高海拔地区，极耐寒冷，喜排水良好的酸性土壤。

保护价值 灵宝杜鹃为河南特产的稀有种。花可入药。

灵宝杜鹃

灵宝杜鹃花

二十九、安息香科 Styracaceae

（五十三）安息香属 *Styrax*

74. 玉铃花 *Styrax obassia*

别名 老开皮、老丹皮、山棒子

形态特征 乔木或灌木，高 4 ～ 10 m。树皮灰褐色，平滑；小枝幼时常被褐色星状毛，紫红色。叶纸质，小枝下部叶较小而近对生，上部叶互生，宽椭圆形或近圆形，长 10 ～ 14 cm，宽 8 ～ 10 cm，顶端急尖或渐尖，基部圆形或宽楔形，边缘具粗锯齿。花白色或粉红色，芳香。总状花序，单生上部叶腋和顶生，核果卵形，顶端凸尖，密被黄褐色星状毛。花期 5 ～ 7 月，果熟期 8 ～ 9 月。

分布与生境 产于河南省大别山、伏牛山和太行山区。生于海拔 1 000 m 以上的杂木林中。

生态习性 喜温暖湿润、光照充足环境，有一定的耐旱能力，忌涝，以湿润、肥沃的土壤生长较好。

保护价值 材质坚硬，纹理致密，可作家具、器具、雕刻等细木工用材；花芳香，可提取香精。

玉铃花花序 1

玉铃花花序 2

玉铃花叶

75. 郁香野茉莉 *Styrax odoratissima*

别名 野茉莉、郁香安息香

形态特征 小乔木，高4～10 m。树皮灰褐色。叶互生，长椭圆形，长7～10 cm，宽3～5 cm，顶端渐尖或急尖，基部宽楔形至圆形，全缘。花单生或总状圆锥花序，长5～8 cm；花白色。果实近球形；种子卵形。花期3～4月，果熟期6～9月。

郁香野茉莉

分布与生境 产于河南省大别山区的商城、新县等地。生于山谷及山坡疏林中。

生态习性 阳性树种，稍耐荫蔽，喜温暖、湿润环境，在土层深厚、肥沃的微酸性土壤上生长良好。

保护价值 木材坚硬，可作建筑、船舶、车辆和家具等用材；种子可榨油，供制肥皂和机械润滑油用。可作庭园观赏树种。

郁香野茉莉叶

郁香野茉莉果实

三十、忍冬科 Caprifoliaceae

（五十四）蝟实属 *Kolkwitzia*

76. 蝟实 *Kolkwitzia amabilis*

蝟实

形态特征　多分枝直立灌木，高达 3 m；幼枝红褐色，被短柔毛及糙毛。单叶对生，叶椭圆形至卵状椭圆形，长 3 ～ 8 cm，顶端尖或渐尖，基部圆形或阔楔形，全缘，少有浅齿状，两面散生短毛。伞房状聚伞花序生于侧枝顶端；苞片披针形，紧贴子房基部；萼筒外面密生长刚毛，裂片钻状披针形，有短柔毛；花冠淡红色，长 1.5 ～ 2.5 cm，外有短柔毛，裂片不等，其中 2 枚稍宽短，内面具黄色斑纹；花柱有柔毛，柱头圆形。果实密被黄色刺刚毛，顶端伸长如角，冠以宿存的萼齿。花期 5 ～ 6 月，果熟期 8 ～ 9 月。

分布与生境　产于河南省太行山和伏牛山区。生于海拔 350 ～ 1 500 m 的山坡、路边和灌丛中。

生态习性　为暖温带植物，喜光，具有耐寒、耐干旱瘠薄土壤特性。在相对湿度过大、雾期长的地方多生长不良。

保护价值　蝟实是我国特有的单属单种植物，又属于我国西北至秦岭山地植物区系的古老残遗成分，起源于古北大陆南部，远在第三纪以前即已形成和发展，成为分类上孤立、形态上特殊的种类，对于研究我国古代植物区系发展有一定科学价值。稀有种。花色娇艳，花团锦簇，是一种具有很高观赏价值的花木。

蝟实花序 1

蝟实花序 2

蝟实花序 3

三十一、菊科 Compositae

（五十五）太行菊属 *Opisthopappus*

77. 太行菊 *Opisthopappus taihangensis*

形态特征　多年生草本，高 10 ～ 15 cm。茎淡紫红色或褐色，被密或稀疏的贴生短柔毛。基生叶卵形、宽卵形或椭圆形，长 2.5 ～ 3.5 cm，规则二回羽状分裂；茎生叶与基生叶同形并等叶分裂，但上部叶常羽裂；全部叶两面被稀疏短柔毛。头状花序单生枝端或枝生两个头状花序；总苞浅盘状。总苞片约 4 层，中外层线形和披针形，外面被稍密短柔毛，内层长椭圆形，无毛或几无毛；舌状花粉红色或白色，管状花黄色。瘦果，有 3 ～ 5 条翅状加厚纵肋。冠毛芒片状，分离或基部稍连合；全部芒集中在瘦果背面顶端。花期 6 ～ 9 月。

分布与生境　产于河南省太行山区。生于山坡、山沟岩石缝中。

生态习性　太行山区岩隙植物，生长于气候干燥、土壤瘠薄、阳光充足的陡岩峭壁上，是一种喜光、耐瘠薄的旱生性植物。

保护价值　太行菊为珍稀植物。可作菊花代用品。

太行菊

太行菊花

三十二、百合科 Liliaceae

（五十六）万年青属 *Rohdea*

78. 万年青 *Rohdea japonica*

万年青花序

形态特征 多年生常绿草本，根状茎粗 1.5 ～ 2.5 cm。叶 3 ～ 6 枚，厚纸质，矩圆形、披针形或倒披针形，长 15 ～ 50 cm，先端急尖，基部稍狭，绿色；纵脉明显浮凸；鞘叶披针形。花葶短于叶；穗状花序，具几十朵密集的花；苞片卵形，膜质，短于花；花被淡黄色，裂片厚；花药卵形。浆果直径约 8 mm，成熟时红色。花期 5 ～ 6 月，果熟期 9 ～ 10 月。

分布与生境 产于河南省大别山区的商城、新县和伏牛山区的嵩县、西峡、淅川等地。生于海拔 1 500 m 以下的林下湿润处或草地。

生态习性 喜半阴、温暖、湿润、通风环境，不耐旱，稍耐寒，忌阳光直射，忌积水，以富含腐殖质、疏松透水性好的微酸性沙壤土生长最好。

保护价值 全株入药，有清热解毒、散瘀止痛的功效。

万年青浆果 1（未成熟）

万年青浆果 2（成熟）

（五十七）重楼属 *Paris*

79. 七叶一枝花 *Paris polyphylla*

别名　九连环、蚤休、七叶莲

形态特征　多年生草本，高 35 ～ 100 cm。根状茎粗厚，外面棕褐色，密生多数环节和许多须根。茎通常带紫红色，基部有灰白色干膜质的鞘 1 ～ 3 枚。叶 5 ～ 10 枚轮生，矩圆形、椭圆形或倒卵状披针形，先端短尖或渐尖，基部圆形或宽楔形；叶柄明显，带紫红色。花梗长 5 ～ 30 cm，外轮花被片绿色，3 ～ 6 枚，狭卵状披针形；内轮花被片狭条形，通常比外轮长；雄蕊 8 ～ 12 枚，花药短，与花丝近等长或稍长；子房近球形，具棱，顶端具盘状花柱基，花柱粗短。蒴果紫色，3 ～ 6 瓣裂开。种子多数，具鲜红色多浆汁的外种皮。花期 5 ～ 7 月，果熟期 8 ～ 11 月。

分布与生境　产于河南省伏牛山区的栾川、卢氏、西峡、内乡、南召。生于海拔 1 000 m 以上的林下或山谷阴湿处。

生态习性　不耐旱、不耐寒，喜凉爽湿润。不耐瘠薄，喜生于山坡林下或灌丛腐殖质较厚处。根茎和种子繁殖均可。

保护价值　根状茎入药，有清热解毒、消肿散瘀、镇惊止痛的功效。

七叶一枝花

（五十八）延龄草属 *Trillium*

80. 延龄草 *Trillium tschonoskii*

别名 头顶一颗珠、地珠

形态特征 多年生草本。高 15～50 cm。茎丛生于粗短的根状茎上，茎单生，直立。叶 3 枚，轮生于茎顶，菱状圆形或菱形，长 6～15 cm，宽 5～15 cm，无柄。花单生于轮叶之上，花被片 6 枚，两轮，外轮 3 枚绿色，内轮 3 枚白色，少有淡紫色，卵状披针形；花药 6 枚，子房圆锥状卵形。浆果圆球形，黑紫色，花期 5～6 月，果熟期 7～8 月。

分布与生境 产于河南省伏牛山、桐柏山、大别山区。海拔 1 200 m 以上林地偶见分布。

生态习性 喜湿耐阴的草本植物。适于湿润、疏松、含有腐殖质的酸性、微酸性土壤。

保护价值 延龄草为东亚—北美间断分布类型植物，又是起源比较古老的种类，渐危种。种群数量少，其根状茎供药用，能治高血压、神经衰弱、跌打损伤等，为珍贵稀有药材。植株奇特，花果美丽，可作观赏植物。

延龄草

延龄草花序

三十三、兰科 Orchidaceae

（五十九）杓兰属 *Cypripedium*

81. 扇叶杓兰 *Cypripedium japonicum*

别名　扇脉杓兰

形态特征　多年生草本，高 35 ～ 55 cm。根状茎细长，横走，茎直立，密生褐色长柔毛。叶通常 2 枚，近对生，极少 3 枚叶互生，菱圆形，长 10 ～ 16 cm，宽 10 ～ 21 cm，上半部边缘呈钝波状，基部宽楔形，具扇形脉。花苞片叶状，菱形或卵状披针形，两面无毛，边缘具细缘毛；花单生，绿黄色或白色，具紫色斑点；唇瓣基部收狭而具短爪，囊内基部被长柔毛。蒴果具喙，长约 5 cm，疏被微柔毛。花期 6 月，果熟期 7 ～ 8 月。

扇叶杓兰

扇叶杓兰花

分布与生境　产于河南省大别山区的商城、新县及伏牛山区的内乡。生于海拔 800 m 以上的天然林或竹林、灌丛中。

生态习性　偏阴性植物，喜温凉湿润的山林环境，要求湿润、疏松、含有腐殖质的微酸性土壤。

保护价值　扇叶杓兰为亚热带稀有植物。河南大别山、伏牛山南坡为其分布的北缘地带。极为稀见。它在研究河南植物地理和华东、华中植物区系方面有重要价值。生境要求苛刻，自然繁殖较难，且常单株散生，种群数量极少。全草或根茎入药。叶形奇特，花大而美丽，具有较高的观赏价值。

82. 毛杓兰 *Cypripedium franchetii*

形态特征　植株高 20 ～ 35 cm，茎直立，密生长柔毛。叶互生，3～4 枚，卵形至椭圆形，长 8 ～ 14 cm，宽 3.5 ～ 8 cm，先端急尖，基部抱茎，两面疏被微柔毛或几无毛，边缘具细缘毛。花单生，紫褐色，花苞片叶状，椭圆形或椭圆状披针形；背萼片宽卵形或卵状椭圆形，长 4 ～ 5 cm，先端渐尖；萼片圆形或卵形，较背萼片小；花瓣披针形，唇瓣囊状，退化雄蕊箭形或近卵形，基部具耳，具短柄；子房密被短柔毛，弧曲。花期 5 ～ 7 月。

分布与生境　产于河南省太行山、伏牛山区。生于海拔 1 500 m 以上的林下或山坡草地。

生态习性　喜阴，忌阳光直射，喜湿润，忌干燥，要求疏松、含有腐殖质的微酸性土壤。

保护价值　可作庭园观赏植物。

毛杓兰

83. 大花杓兰 *Cypripedium macranthum*

形态特征　植株高25～50 cm。茎直立，被短柔毛或几无毛。叶互生，3～4枚，椭圆形，长达15 cm，宽达8 cm，边缘有细缘毛。花苞叶状，椭圆形；花单生，紫红色，极少白色；中萼片宽卵形，长4～5 cm，合萼片卵形；花瓣披针形，唇瓣几乎与花瓣等长，紫红色，囊底有毛；子房无毛。花期6月。

分布与生境　产于河南省太行山区的林州、济源黄连树等地。生于海拔1 300 m以上的林下阴湿处。

生态习性　喜潮湿环境，多生于林间草地或林缘。不耐旱，耐阴。

保护价值　根、根状茎及花均可入药，中药名“蜈蚣七”。花大而美丽，可供观赏。

大花杓兰

大花杓兰花

（六十）天麻属 *Gastrodia*

84. 天麻 *Gastrodia elata*

别名 赤箭

形态特征 腐生，直立草本，高 30 ～ 150 cm。块茎肉质肥厚，椭圆形或卵状椭圆形，长约 10 cm，直径 3 ～ 4.5 cm，横生具环纹。茎不分枝，直立，稍肉质，黄褐色。鳞片形鞘状的叶棕褐色，膜质。总状花序顶生，淡黄色或绿黄色。长 5 ～ 20 cm；花小形、数多，白色，萼片与花瓣合生成歪斜的筒状，直径 5 ～ 7 mm，先端 5 齿裂；唇瓣白色，3 裂；蕊柱白色，中裂片舌状，侧裂片耳状，子房下位，倒卵形，子房柄扭转。蒴果长圆形至长倒卵形。种子多而细小，粉末状。花期 6 ～ 7 月，果期 7 ～ 8 月。

分布与生境 产于河南省各山区。生于海拔 700 ～ 1 500 m 的山坡阔叶林下或灌丛下。

生态习性 自然分布限于森林环境，且多生长于被砍伐过的杂木林中和

天麻

有大量的残留树桩、树根的林地。忌直射阳光，要求避风阴湿、富含腐殖质的微酸性土壤，并与密环菌共生，长成无叶的腐生植物。

保护价值　为我国名贵药材。渐危种。块茎为重要的常用中药，具有平肝息风的功效，用于治疗头晕目眩、惊痫抽搐等。

天麻萼片

天麻块状茎

天麻花序

（六十一）独花兰属 *Changnienia*

85. 独花兰 *Changnienia amoena*

别名 长年兰

形态特征 多年生直立草本。地下假鳞茎卵状长圆形或宽卵形，淡黄白色，具 2 ～ 3 节，直径约 1 cm，肉质，顶生。叶 1 枚，叶片近圆形，宽椭圆形、椭圆状长圆形，长 7 ～ 11 cm，宽 4.5 ～ 8 cm，先端急尖至渐尖，基部圆形，全绿色，背面紫红色；叶柄长 5.5 ～ 9.5 cm。花葶从假鳞茎顶端伸出，直立，花葶长 8 ～ 11 cm，具 2 ～ 3 枚鞘状退化叶，顶生花 1 朵，径约 6 cm，淡紫色；萼、瓣各 3 枚，具腺体，唇瓣生于蕊柱基部，有长约 2 cm 稍弯曲的矩，3 裂，两侧裂片斜卵形，围抱蕊柱；中裂片肾形，边缘皱波状，内部唇盘上有 5 枚褶片，散生有紫红色疣状斑点和腺点；蕊柱有阔翅，背部带浅紫红色，花瓣状；子房极短，圆柱形。蒴果。花期 3 ～ 4 月，果熟期 5 ～ 6 月。

分布与生境 产于河南省大别山区的商城、新县、罗山及伏牛山区南部的西峡、内乡、南召、淅川。生于林下阴湿处。

生态习性 生于多云雾、相对湿度大、雨量充沛的温凉小气候区域。在河溪旁、林下阴湿石缝中生长良好。属耐阴性草本植物，适于在密林中生长。

保护价值 独花兰为我国特有的单种属植物，又是兰科植物的原始类型种。稀有种。河南省伏牛山区为其自然分布的北缘地带。在全国只有少数地区零星分布，极为罕见，在植物分类上有重要学术价值。全草入药，具有清热解毒、凉血的功效。植株形态美观，花形奇特，色彩鲜艳，是珍贵的野生花卉种质资源。

独花兰花

独花兰

（六十二）石斛属 *Dendrobium*

86. 霍山石斛 *Dendrobium huoshanense*

别名　米斛、黄花石斛

形态特征　多年生草本。茎丛生，圆柱形，黄绿色，高 2.5 ～ 5 cm。通常基部 1 ～ 3 节粗壮，直径 0.3 ～ 0.6 cm，向上渐细。单叶互生，叶片长圆状披针形，长 1.4 ～ 2.7 cm，宽 0.4 ～ 0.6 cm，先端钩转，略微凹。总状花序，具 1 ～ 3 花，直径约 1.8 cm，着生于无叶茎顶，总苞具苞片 2 枚，苞片卵形，膜质，淡褐色；花被蜡黄色，径约 0.5 cm，唇瓣阔菱形，不明显 3 裂，长与宽近相等；萼片交界处有淡棕色的斑，具扁平毛，黄白色，有细紫点，药帽扁球形，前缘有流苏状裂；子房连花柱长约 1.5 cm，黄绿色。花期 5 月下旬至 6 月上旬。

霍山石斛

霍山石斛花序

分布与生境　产于河南省南召马市坪。生于海拔 900 m 阴凉处石壁上。

生态习性　霍山石斛为亚热带兰科附生植物。生于避风、背阴的山沟峭壁上。喜荫蔽，怕直射阳光，在温暖多雨、云雾弥漫的山谷中密集群聚生长。

保护价值　我国特有的珍贵药用植物。分布范围狭窄，生境独特，植株数量极少，价格昂贵。本种系发现的新种，在科学研究和经济价值上都已引起人们的重视。

87. 细茎石斛 *Dendrobium moniliforme*

别名 小黄草石斛

形态特征 多年生草本。茎直立，丛生，不分枝，幼茎带紫褐色，干后青灰色或古铜色。叶宽 0.5 ～ 1.2 cm。花乳白色，花被边缘常带紫晕，唇瓣卵状三角形，3 裂，裂片无毛，散生有小紫点，基部有一个矩圆状胼胝体。花期 4 ～ 5 月，果熟期 7 ～ 8 月。

分布与生境 产于河南省大别山区的商城、新县以及伏牛山南部的西峡、南召、内乡、淅川。生于海拔 600 ～ 1 200 m 的树干或岩石上。

生态习性 喜阴凉、潮湿环境，怕直射阳光，在温暖多雨、云雾弥漫的山谷中群聚生长。

保护价值 细茎石斛为我国特有的珍贵药用植物。生境独特，植株数量极少。石斛植物茎为中药，药材名为“铜皮石斛”。

细茎石斛

88. 细叶石斛 *Dendrobium hancockii*

别名　草石斛、黄草

形态特征　细叶石斛为亚热带兰科附生植物。茎直立，近木质化，高30～80 cm，绿色至黄绿色，干后黄色。茎上部多分枝，状如小竹。叶条形，长1.5～4 cm，宽0.2～0.6 cm。花瓣和萼片唇瓣3裂。

分布与生境　产于河南省灵宝、洛宁、栾川、卢氏、鲁山、西峡、南召、内乡。生于海拔1 500 m以下的阴湿岩石上。

生态习性　喜温暖、潮湿、半阴半阳的环境，多在疏松且厚的树皮或树干上生长，有的也生长于石缝中。

保护价值　为珍贵稀有的经济植物。茎、叶药用，药性同霍山石斛，但质次，经济价值较低。

细叶石斛

89. 曲茎石斛 *Dendrobium flexicaule*

形态特征　茎曲卧或斜展，显著回折弯曲。花黄绿色，花被带紫晕，唇瓣不裂，宽卵形，唇盘具大而明显的扇状紫红色斑块，近基部中央有一个马鞍状胼胝体，黄色，肉质。药帽近菱形，顶端二尖裂。花期5月。

分布与生境　产于河南省伏牛山区的西峡、内乡、南召、嵩县。生于海拔900～1 500 m的阴湿岩石上。

生态习性　喜温暖、潮湿、半阴半阳的环境，野生多在疏松且厚的树干或石缝中生长。

保护价值　曲茎石斛为我国特有植物。河南为其分布北界，植株稀少，生境狭窄。为珍贵药材，鲜茎入药。

曲茎石斛 1

曲茎石斛 2

90. 河南石斛 *Dendrobium henanense*

形态特征　兰科附生草本。茎丛生，回折弯曲，茎高 3 ～ 8 cm，茎节较短小。总状花序侧生于去年无叶的茎端，单花或双花，花梗总长约 5 mm，花淡白色，唇瓣轮廓为卵状菱形，3 裂，唇盘有一鲜艳的紫色斑点，并被柔毛，中裂片有毛。

分布与生境　产于河南省灵宝小秦岭、西峡太平镇、南召荞麦岭、嵩县下寺等地。生于海拔 700 ～ 1 400 m 的半阴坡潮湿岩石上。

生态习性　喜温暖、湿润和半阴环境，不耐寒，忌干燥，怕积水，野外多生长于树干或石缝中。

保护价值　河南石斛为河南省特有种，为珍贵稀有的石斛植物之一。生境独特，植株数量稀少，价格昂贵。鲜茎入药。

河南石斛花 1

河南石斛花 2

91. 黑节草 *Dendrobium officinale*

别名 铁皮石斛

黑节草

形态特征 兰科附生草本。茎丛生，圆柱形，黑绿色，高达 35 cm，粗 2 ～ 4 mm，干后呈青灰色，节处黑褐色。叶纸质，矩圆状披针形，顶端略钩转，边缘和中脉淡紫色；叶鞘具紫斑，鞘口张开，常与节留下 1 个环状间隙。总状花序常生于无叶茎上端，长 2 ～ 4 cm，回折状弯曲，常具 3 朵花；总花梗长约 1 cm；苞片干膜质，淡白色，花被片黄绿色；背萼片与花瓣相似，矩圆状披针形，顶端锐尖，侧萼片镰状三角形；唇瓣卵状披针形，反折，比萼片略短，不裂或不明显 3 裂，基部边缘内卷并具 1 个胼胝体，先端急尖，边缘波状，唇盘被乳突状毛，具紫色斑点。

分布与生境 产于河南省信阳鸡公山、新县老庙、商城黄柏山。生于海拔 1 000 m 以下阴坡、半阴坡的潮湿岩石壁上。

生态习性 喜温暖、湿润环境，多生于温凉、湿润的阴坡、半阴坡微酸性岩层峭壁上，附生于岩石表面。

保护价值 黑节草为河南省最为珍贵的植物资源，珍贵的药用植物。全草可供药用。生境狭窄，分布地域特殊。

黑节草花序

黑节草叶

（六十三）石豆兰属 *Bulbophyllum*

92. 河南卷瓣兰 *Bulbophyllum henanense*

形态特征 根状茎匍匐，细长。假鳞茎在根状茎上彼此相距 4～10 mm，卵圆形，长约 5 mm，直径 2～4 mm，常具纵条棱，顶生 1 枚叶。叶革质，卵状矩圆形，长 8～12 mm，宽 5～8 mm。花葶侧生于假鳞茎基部，斜立，与假鳞茎等长；花序伞形，具 2 朵花；花小，萼片黄色；背萼片卵形，凹陷，长 3.5 mm，宽 2.5 mm，先端稍钝，具 3 条脉，背面基部和边缘具长柔毛；侧萼片线状长圆形，长约 1 cm，宽 1.5 mm，具 1 条脉，边缘全缘，先端稍钝，基部与蕊柱足贴生，内部边缘除顶端外均黏合在一起；花瓣紫红色，倒卵状长圆形，顶端钝圆，具 3 条脉，边缘具长柔毛；唇瓣紫红色，肉质，三角状披针形，对折，无毛，长 3.5 mm，近基部宽 1.5 mm，向先端渐狭，基部近心形，着生于蕊柱足上；蕊柱粗壮，长 1.2 mm，基部延伸成 2 mm 的足，在蕊柱中部扩大成钝三角形，蕊柱齿在蕊柱顶端为狭披针形，药帽倒卵圆形。

分布与生境 产于河南省伏牛山区的嵩县、西峡、内乡、南召。生于海拔 800～1 500 m 的树干或岩石上。

生态习性 喜阴，忌阳光直射，喜湿润，忌干燥，适宜在富含腐殖质、排水良好的沙壤土生长。

保护价值 河南卷瓣兰为河南省特有种。全草入药，治风湿病、半身不遂。

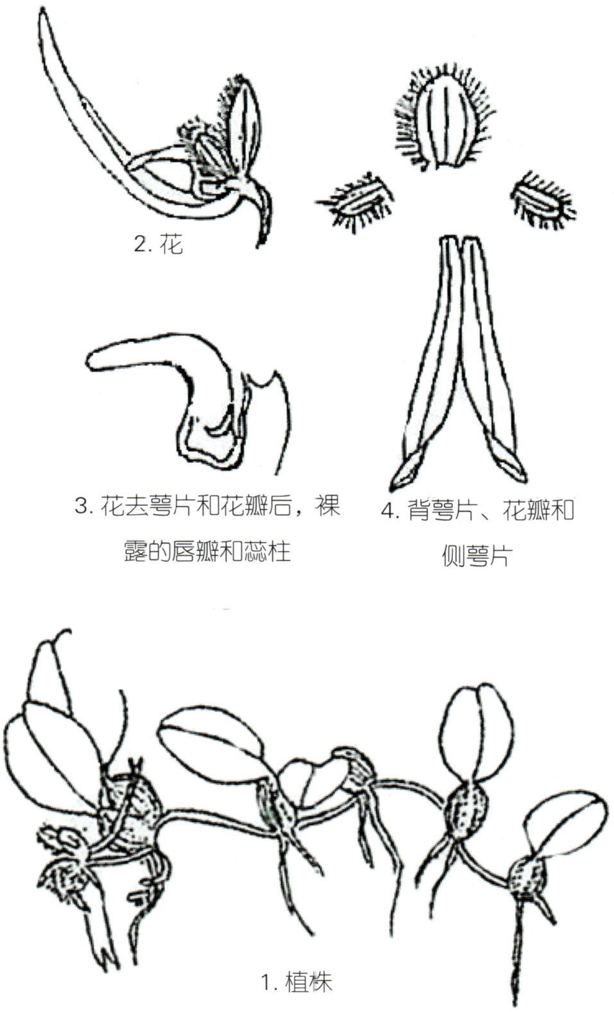

河南卷瓣兰植株示意

（六十四）兰属 *Cymbidium*

93. 建兰 *Cymbidium ensifolium*

形态特征 附生植物。根茎短。假鳞茎卵球形，长2～3 cm，隐生于叶丛中。叶2～6枚成束；叶片带形，长30～50 cm，宽1～1.7 cm，先端急尖，基部收狭，具3条两面突起的主脉。花葶高20～35 cm，总状花序，具花5～10朵，苞片卵状披针形，先端急尖，花苍绿色或黄绿色，具清香，直径4～5 cm；花被片具5条棕色脉；花瓣长圆形，脉纹紫色；唇瓣卵状长圆形，具红色斑点和短硬毛；中裂片卵圆形，具紫红色斑点；侧裂片长圆形，浅黄褐色；蕊柱长约1.2 cm。花期7～10月，开两次花。

建兰

分布与生境 产于河南省大别山区商城黄柏山、新县老庙。生于山坡林下或山谷湿地。

生态习性 喜阴，忌阳光直射，喜湿润，忌干燥，适宜在富含腐殖质、排水良好的微酸性沙壤土生长。

保护价值 建兰为我国传统名花。花清香，可提取浸膏。

94. 多花兰 *Cymbidium floribundum*

别名　蜜蜂兰

形态特征　附生植物。根白色。假鳞茎卵状圆锥形，隐于叶丛中。叶 3 ～ 6 枚成束丛生；叶片较挺直，带形，长 18 ～ 30 cm，宽 1.5 ～ 3 cm，全缘。花葶直立或斜出；总状花序，密生花 20 ～ 50 朵；苞片卵状披针形，长约 5 mm；花无香气，红褐色，萼片狭长圆状披针形，先端急尖，基部渐狭；花瓣长椭圆形，先端急尖；唇瓣卵状三角形，明显 3 裂，中裂片近圆形，稍向下反卷，紫褐色，侧裂片半圆形，直立，具紫褐色条纹，边缘紫红色，唇瓣从基部至中部有 2 条平行褶片，褶片黄色；蕊柱长约 1.2 cm，无蕊柱翅。花期 4 ～ 5 月，果熟期 7 ～ 8 月。

多花兰花序 1

分布与生境　产于河南省大别山、桐柏山及伏牛山南坡。生于林缘或山谷溪旁。

生态习性　喜阴，怕阳光直射，喜湿润，忌干燥，喜肥沃、富含大量腐殖质的微酸性沙壤土。

保护价值　根、茎入药。具较高的观赏价值，可作盆花。

多花兰

多花兰花序 2

三十四、葫芦科 Cucurbitaceae

（六十五）绞股蓝属 *Gynostemma*

95. 绞股蓝 *Gynostemma pentaphyllum*

别名 七叶胆、五叶参

绞股蓝

形态特征 多年生草质藤本。茎柔弱，具分枝，有棱；卷须二分叉，稀不分叉。叶鸟足状，具5～7枚小叶；小叶片卵状长圆形或长圆状披针形，长4～14 cm，宽1.5～3 cm，顶生小叶较大，侧生小叶较小，顶端急尖或短渐尖，基部楔形。雌雄异株，花序圆锥状，花萼5枚，裂片三角形。花冠淡绿色或白色，5深裂，裂片披针形。果实肉质、球形，成熟时黑色；种子宽卵状心形。花期6～9月，果熟期9～10月。

分布与生境 产于河南省大别山、桐柏山、伏牛山南坡诸县。生于山坡、沟旁、林下或灌丛、草丛中。

生态习性 喜荫蔽、通风良好的环境，中性、微酸性或微碱性土都能生长，在富含腐殖质的沙地、沙壤土生长最好，野外常生长于山地林下、水沟旁、山谷阴湿处。

保护价值 全草入药。有消炎解毒、强壮滋补、止咳祛痰的功效。近年来，经研究还发现有益于人类健康的功能，已被开发利用。

绞股蓝叶

绞股蓝果实

绞股蓝花序

三十五、冬青科 Aquifoliaceae

（六十六）冬青属 *Ilex*

96. 大果冬青 *Ilex macrocarpa*

形态特征　落叶乔木，高可达 20 m。具长枝和短枝。叶纸质，卵形或卵状椭圆形，长 6 ～ 15 cm，先端突渐尖，基部圆形或楔形，边缘具细锯齿，无毛。花白色而香。雄花序簇生于二年生的长枝和短枝上，或单生于长枝的叶腋或基部鳞片内，具 1 ～ 5 朵花；雌花单生叶腋。果球形，直径 1 ～ 1.5 cm，熟时黑色，果核 7 ～ 9 个。花期 6 月，果熟期 10 月。

分布与生境　产于河南省大别山区的商城、新县及伏牛山南部西峡、内乡等地。零散生于山谷、林中。

生态习性　喜温暖、湿润气候，适生于土层深厚、肥沃的土壤，多在阴湿的坡脚、坡洼、沟谷、溪旁或杂木林中生长。

保护价值　木材黄白色，纹理直，结构细密，可作建筑、家具等用材。

大果冬青叶

大果冬青果实

大果冬青树皮

97. 冬青 *Ilex chinensis*

形态特征　常绿乔木，高 8 ～ 10 m。树皮暗灰色，小枝淡灰色。叶薄革质，窄椭圆形至披针形，长 5 ～ 12 cm，宽 2 ～ 4 cm，先端渐尖，基部楔形，锯齿钝尖，两面无毛，表面有光泽，背面灰绿色；雌雄异株，雄花序簇生于叶腋，淡紫色或紫红色；萼片及花瓣 4 ～ 5 枚；雌花 3 ～ 7 朵排成聚伞花序，具退化雄蕊。果椭圆形，光亮，深绿色，果核 4 ～ 5 个。花期 4 ～ 6 月，果熟期 10 ～ 11 月。

分布与生境　产于河南省大别山和桐柏山区。零散生长于山谷、溪旁。

生态习性　喜温暖、湿润气候，适生于土层深厚、湿润、疏松、酸性或微酸性、含腐殖质丰富的土壤。

保护价值　木材坚韧，供细木工用材。种子及树皮供药用，树皮可制栲胶。可作为园林绿化树种。

冬青

冬青叶与果实

三十六、虎耳草科 Saxifragaceae

（六十七）独根草属 *Oresitrophe*

98. 独根草 *Oresitrophe rupifraga*

形态特征　多年生草本植物，高 10 ～ 25 cm。根状茎粗壮，具芽，芽鳞棕褐色。叶 2 ～ 3 枚，基生，叶片心形至卵形，叶柄长约 12 cm。复聚伞圆锥花序，密生短腺毛，多花，裂片 5 枚，粉红色，无花瓣。蒴果革质。花期 4 ～ 5 月，果熟期 6 ～ 7 月。

独根草

分布与生境　产于河南省太行山区的林州、辉县、济源及伏牛山区的嵩县、栾川、卢氏等。生长在山谷岩石缝中。

生态习性　耐干旱、瘠薄，耐寒，多生于山崖石缝中。

保护价值　独根草为我国特有种。虎耳草科的单种属植物。可作饲草，亦可作观赏植物。

独根草花序与叶

参考文献

[1] 曹冠武，赵义民 . 河南森林资源（上册）[M]. 郑州：中原农民出版社，2013.

[2] 王遂义 . 河南树木志 [M]. 郑州：河南科学技术出版社，1994.

[3] 丁宝章，王遂义 . 河南植物志（1~4 册）[M]. 郑州：河南科学技术出版社，1981–1998.

[4] 卢炯林，王磐基 . 河南省珍稀濒危保护植物 [M]. 开封：河南大学出版社，1990.

[5] 卢炯林 . 河南木本植物图鉴 [M]. 香港：新世纪出版社，1998.

[6] 郭玉生 . 太行山树木志 [M]. 天津：天津科学技术出版社，2010.

[7] 李建树 . 中国三北草木繁殖与利用 [M]. 北京：中国林业出版社，1998.

[8] 叶永忠 . 嵩山植物志 [M]. 北京：中国科学技术出版社，1993.

[9] 訾兴中，张定成 . 大别山植物志 [M]. 北京：中国林业出版社，2006.

[10] 国家林业局野生动植物保护与自然保护区管理司，中国科学院植物研究所 . 中国珍稀濒危植物图鉴 [M]. 北京：中国林业出版社，2013.

[11] 王印政 . 云台山植物 [M]. 郑州：河南科学技术出版社，2012.

[12] 王遂义，杨秋生 . 河南翠雀属一新种 [J]. 西北植物学报，1989，9（1）：42–44.

[13] 马福，张建龙 . 中国重点保护野生植物资源调查 [M]. 北京：中国林业出版社，2009.

附录

附录Ⅰ　中华人民共和国野生植物保护条例

（1996 年 9 月 30 日中华人民共和国国务院令第 204 号发布，自 1997 年 1 月 1 日起施行）

第一章　总则

第一条　为了保护、发展和合理利用野生植物资源，保护生物多样性，维护生态平衡，制定本条例。

第二条　在中华人民共和国境内从事野生植物的保护、发展和利用活动，必须遵守本条例。

本条例所保护的野生植物，是指原生地天然生长的珍贵植物和原生地天然生长并具有重要经济、科学研究、文化价值的濒危、稀有植物。

药用野生植物和城市园林、自然保护区、风景名胜区内的野生植物的保护，同时适用有关法律、行政法规。

第三条　国家对野生植物资源实行加强保护、积极发展、合理利用的方针。

第四条　国家保护依法开发利用和经营管理野生植物资源的单位和个人的合法权益。

第五条　国家鼓励和支持野生植物科学研究、野生植物的就地保护和迁地保护。

在野生植物资源保护、科学研究、培育利用和宣传教育方面成绩显著的单位和个人，由人民政府给予奖励。

第六条　县级以上各级人民政府有关主管部门应当开展保护野生植物的宣传教育，普及野生植物知识，提高公民保护野生植物的意识。

第七条　任何单位和个人都有保护野生植物资源的义务，对侵占或者破坏野生植物及其生长环境的行为有权检举和控告。

第八条　国务院林业行政主管部门主管全国林区内野生植物和林区外珍贵野生树木的监督管理工作。国务院农业行政主管部门主管全国其他野生植物的监督管理工作。

国务院建设行政部门负责城市园林、风景名胜区内野生植物的监督管理工作。国务院环境保护部门负责对全国野生植物环境保护工作的协调和监督。国务院其他有关部门依照职责分工负责有关的野生植物保护工作。

县级以上地方人民政府负责野生植物管理工作的部门及其职责，由省、自治区、直辖市人民政府根据当地具体情况规定。

第二章　野生植物保护

第九条　国家保护野生植物及其生长环境。禁止任何单位和个人非法采集野生植物或者破坏其生长环境。

第十条　野生植物分为国家重点保护野生植物和地方重点保护野生植物。

国家重点保护野生植物分为国家一级保护野生植物和国家二级保护野生植物。国家重点保护野生植物名录，由国务院林业行政主管部门、农业行政主管部门（以下简称国务院野生植物行政主管部门）商国务院环境保护、建设等有关部门制定，报国务院批准公布。

地方重点保护野生植物，是指国家重点保护野生植物以外，由省、自治区、直辖市保护的野生植物。地方重点保护野生植物名录，由省、自治区、直辖市人民政府制定并公布，报国务院备案。

第十一条　在国家重点保护野生植物物种和地方重点保护野生植物物种的天然集中分布区域，应当依照有关法律、行政法规的规定，建立自然保护区；在其他区域，县级以上地方人民政府野生植物行政主管部门和其他有关部门可以根据实际情况建立国家重点保护野生植物和地方重点保护野生植物的保护点或者设立保护标志。

禁止破坏国家重点保护野生植物和地方重点保护野生植物的保护点的保护设施和保护标志。

第十二条　野生植物行政主管部门及其他有关部门应当监视、监测环境对国家重点保护野生植物生长和地方重点保护野生植物生长的影响，并采取措施，维护和改善国家重点保护野生植物和地方重点保护野生植物的生长条件。由于环境影响对国家重点保护野生植物和地方重点保护野生植物的生长造成危害时，野生植物行政主管部门应当会同其他有关部门调查并依法处理。

第十三条　建设项目对国家重点保护野生植物和地方重点保护野生植物的生长环境产生不利影响的，建设单位提交的环境影响报告书中必须对此作出评价；环境保护部门在审批环境影响报告书时，应当征求野生植物行政主管部门的意见。

第十四条　野生植物行政主管部门和有关单位对生长受到威胁的国家重点保护野生植物和地方重点保护野生植物应当采取拯救措施，保护或者恢复其生长环境，必要时应当建立繁育基地、种质资源库或者采取迁地保护措施。

第三章　野生植物管理

第十五条　野生植物行政主管部门应当定期组织国家重点保护野生植物和地方重点保护野生植物资源调查，建立资源档案。

第十六条　禁止采集国家一级保护野生植物。因科学研究、人工培育、文化交流等特殊需要，采集国家一级保护野生植物的，必须经采集地的省、自治区、直辖市人民政府野生植物行政主管部门签署意见后，向国务院野生植物行政主管部门或者其授权的机构申请采集证。

采集国家二级保护野生植物的，必须经采集地的县级人民政府野生植物行政主管部门签署意见后，向省、自治区、直辖市人民政府野生植物行政主管部门或者其授权的机构申请采集证。

采集城市园林或者风景名胜区的国家一级或者二级保护野生植物的，须先征得城市园林或者风景名胜区管理机构同意，分别依照前两款的规定申请采集证。

采集珍贵野生树木或者林区内、草原上的野生植物的，依照森林法、草原法的规定办理。

野生植物行政主管部门发放采集证后，应当抄送环境保护部门备案。

采集证的格式由国务院野生植物行政主管部门制定。

第十七条　采集国家重点保护野生植物的单位和个人，必须按照采集证规定的种类、数量、地点、期限和方法进行采集。

县级人民政府野生植物行政主管部门对在本行政区域内采集国家重点保护野生植物的活动，应当进行监督检查，并及时报告批准采集的野生植物行政主管部门或者其授权的机构。

第十八条　禁止出售、收购国家一级保护野生植物。

出售、收购国家二级保护野生植物的，必须经省、自治区、直辖市人民政府野生植物行政主管部门或者其授权的机构批准。

第十九条　野生植物行政主管部门应当对经营利用国家二级保护野生植物的活动进行监督检查。

第二十条　出口国家重点保护野生植物或者进出口中国参加的国际公约所限制进出口的野生植物的，必须经进出口者所在地的省、自治区、直辖市人民政府野生植物行政主管部门审核，报国务院野生植物行政主管部门批准，并取得国家濒危物种进出口管理机构核发的允许进出口证明书或者标签。海关凭允许进出口证明书或者标签查验放行。国务院野生植物行政主管部门应当将有关野生植物进出口的资料抄送国务院环境保护部门。

禁止出口未定名的或者新发现并有重要价值的野生植物。

第二十一条　外国人不得在中国境内采集或者收购国家重点保护野生植物。

外国人在中国境内对国家重点保护野生植物进行野外考察的，必须向国家重点保护野生植物所在地的省、自治区、直辖市人民政府野生植物行政主管部门提出申请，经其审核后，报国务院野生植物行政主管部门或者其授权的机构批准；直接向国务院野生植物行政主管部门提出申请的，国务院野生植物行政主管部门在批准前，应当征求有关省、自治区、直辖市人民政府野生植物行政主管部门的意见。

第二十二条　地方重点保护野生植物的管理办法，由省、自治区、直辖市人民政府制定。

第四章　法律责任

第二十三条　未取得采集证或者未按照采集证的规定采集国家重点保护野生植物的，由野生植物行政主管部门没收所采集的野生植物和违法所得，可以并处违法所得 10 倍以下的罚款；有采集证的，并可以吊销采集证。

第二十四条　违反本条例规定，出售、收购国家重点保护野生植物的，由工商行政管理部门或者野生植物行政主管部门按照职责分工没收野生植物和违法所得，可以并处违法所得 10 倍以下的罚款。

第二十五条　非法进出口野生植物的，由海关依照海关法的规定处罚。

第二十六条　伪造、倒卖、转让采集证、允许进出口证明书或者有关批准文件、标签的，由野生植物行政主管部门或者工商行政管理部门按照职责分工收缴，没收违法所得，可以并处 5 万元以下的罚款。

第二十七条　外国人在中国境内采集、收购国家重点保护野生植物，或者未经批准对国家重点保护野生植物进行野外考察的，由野生植物行政主管部门没收所采集、收购的野生植物和考察资料，可以并处 5 万元以下的罚款。

第二十八条　违反本条例规定，构成犯罪的，依法追究刑事责任。

第二十九条　野生植物行政主管部门的工作人员滥用职权、玩忽职守、徇私舞弊，构成犯罪的，依法追究刑事责任；尚不构成犯罪的，依法给予行政处分。

第三十条　依照本条例规定没收的实物，由作出没收决定的机关按照国家有关规定处理。

第五章　附则

第三十一条　中华人民共和国缔结或者参加的与保护野生植物有关的国际条约与本条例有不同规定的，适用国际条约的规定；但是，中华人民共和国声明保留的条款除外。

第三十二条　本条例自 1997 年 1 月 1 日起施行。

附录Ⅱ　国家重点保护野生植物名录（第一批）

（1999 年 8 月 4 日由国务院批准，并由国家林业局、农业部第 4 号令发布，1999 年 9 月 9 日起实行）

植物门类	科名	中文名	拉丁名	保护级别
蕨类植物	观音座莲科	法斗观音座莲	*Angiopteris sparsisora*	Ⅱ
蕨类植物	观音座莲科	二回原始观音座莲	*Archangiopteris bipinnata*	Ⅱ
蕨类植物	观音座莲科	亨利原始观音座莲	*Archangiopteris henryi*	Ⅱ
蕨类植物	铁角蕨科	对开蕨	*Phyllitis japonica*	Ⅱ
蕨类植物	蹄盖蕨科	光叶蕨	*Cystoathyrium chinense*	Ⅰ
蕨类植物	乌毛蕨科	苏铁蕨	*Brainea insignis*	Ⅱ
蕨类植物	天星蕨科	天星蕨	*Christensenia assamica*	Ⅱ
蕨类植物	桫椤科	桫椤科（所有种）	*Cyatheaceae* spp.	Ⅱ
蕨类植物	蚌壳蕨科	蚌壳蕨科（所有种）	*Dicksoniaceae* spp.	Ⅱ
蕨类植物	鳞毛蕨科	单叶贯众	*Cyrtomium hemionitis*	Ⅱ
蕨类植物	鳞毛蕨科	玉龙蕨	*Sorolepidium glaciale*	Ⅰ
蕨类植物	七指蕨科	七指蕨	*Helminthostachys zeylanica*	Ⅱ
蕨类植物	水韭科	* 水韭属（所有种）	*Isoetes* spp.	Ⅰ
蕨类植物	水蕨科	* 水蕨属（所有种）	*Ceratopteris* spp.	Ⅱ
蕨类植物	鹿角蕨科	鹿角蕨	*Platycerium wallichii*	Ⅱ
蕨类植物	水龙骨科	扇蕨	*Neocheiropteris palmatopedata*	Ⅱ
蕨类植物	中国蕨科	中国蕨	*Sinopteris grevilleoides*	Ⅱ
裸子植物	三尖杉科	贡山三尖杉	*Cephalotaxus lanceolata*	Ⅱ
裸子植物	三尖杉科	蓖子三尖杉	*Cephalotaxus oliveri*	Ⅱ
裸子植物	柏科	翠柏	*Calocedrus macrolepis*	Ⅱ
裸子植物	柏科	红桧	*Chamaecyparis formosensis*	Ⅱ
裸子植物	柏科	岷江柏木	*Cupressus chengiana*	Ⅱ
裸子植物	柏科	巨柏	*Cupressus gigantea*	Ⅰ
裸子植物	柏科	福建柏	*Fokienia hodginsii*	Ⅱ
裸子植物	柏科	朝鲜崖柏	*Thuja koraiensis*	Ⅱ
裸子植物	苏铁科	苏铁属（所有种）	*Cycas* spp.	Ⅰ
裸子植物	银杏科	银杏	*Ginkgo biloba*	Ⅰ
裸子植物	松科	百山祖冷杉	*Abies beshanzuensis*	Ⅰ
裸子植物	松科	秦岭冷杉	*Abies chensiensis*	Ⅱ
裸子植物	松科	梵净山冷杉	*Abies fanjingshanensis*	Ⅰ
裸子植物	松科	元宝山冷杉	*Abies yuanbaoshanensis*	Ⅰ
裸子植物	松科	资源冷杉（大院冷杉）	*Abies ziyuanensis*	Ⅰ
裸子植物	松科	银杉	*Cathaya argyrophylla*	Ⅰ
裸子植物	松科	台湾油杉	*Keteleeria davidiana* var. *formosana*	Ⅱ
裸子植物	松科	海南油杉	*Keteleeria hainanensis*	Ⅱ

续表

植物门类	科名	中文名	拉丁名	保护级别
裸子植物	松科	柔毛油杉	*Keteleeria pubescens*	Ⅱ
裸子植物	松科	太白红杉	*Larix chinensis*	Ⅱ
裸子植物	松科	四川红杉	*Larix mastersiana*	Ⅱ
裸子植物	松科	油麦吊云杉	*Picea brachytyla* var. *complanata*	Ⅱ
裸子植物	松科	大果青杆	*Picea neoveitchii*	Ⅱ
裸子植物	松科	兴凯赤松	*Pinus densiflora* var. *ussuriensis*	Ⅱ
裸子植物	松科	大别山五针松	*Pinus fenzeliana* var. *dabeshanensis*	Ⅱ
裸子植物	松科	红松	*Pinus koraiensis*	Ⅱ
裸子植物	松科	华南五针松（广东松）	*Pinus kwangtungensis*	Ⅱ
裸子植物	松科	巧家五针松	*Pinus squamata*	Ⅰ
裸子植物	松科	长白松	*Pinus sylvestris* var. *sylvestriformis*	Ⅰ
裸子植物	松科	毛枝五针松	*Pinus wangii*	Ⅱ
裸子植物	松科	金钱松	*Pseudolarix amabilis*	Ⅱ
裸子植物	松科	黄杉属（所有种）	*Pseudotsuga* spp.	Ⅱ
裸子植物	红豆杉科	台湾穗花杉	*Amentotaxus formosana*	Ⅰ
裸子植物	红豆杉科	云南穗花杉	*Amentotaxus yunnanensis*	Ⅰ
裸子植物	红豆杉科	白豆杉	*Pseudotaxus chienii*	Ⅱ
裸子植物	红豆杉科	红豆杉属（所有种）	*Taxus* spp.	Ⅰ
裸子植物	红豆杉科	榧属（所有种）	*Torreya* spp.	Ⅱ
裸子植物	杉科	水松	*Glyptostrobus pensilis*	Ⅰ
裸子植物	杉科	水杉	*Metasequoia glyptostroboides*	Ⅰ
裸子植物	杉科	台湾杉（秃杉）	*Taiwania cryptomerioides*	Ⅱ
被子植物	芒苞草科	芒苞草	*Acanthochlamys bracteata*	Ⅱ
被子植物	槭树科	梓叶槭	*Acer catalpifolium*	Ⅱ
被子植物	槭树科	羊角槭	*Acer yangjuechi*	Ⅱ
被子植物	槭树科	云南金钱槭	*Dipteronia dyerana*	Ⅱ
被子植物	泽泻科	＊长喙毛茛泽泻	*Ranalisma rostratum*	Ⅰ
被子植物	泽泻科	＊浮叶慈菇	*Sagittaria natans*	Ⅱ
被子植物	夹竹桃科	富宁藤	*Parepigynum funingense*	Ⅱ
被子植物	夹竹桃科	蛇根木	*Rauvolfia serpentina*	Ⅱ
被子植物	萝摩科	驼峰藤	*Merrillanthus hainanensis*	Ⅱ
被子植物	桦木科	盐桦	*Betula halophila*	Ⅱ
被子植物	桦木科	金平桦	*Betula jinpingensis*	Ⅱ
被子植物	桦木科	普陀鹅耳枥	*Carpinus putoensis*	Ⅰ
被子植物	桦木科	天台鹅耳枥	*Carpinus tientaiensis*	Ⅱ
被子植物	桦木科	天目铁木	*Ostrya rehderiana*	Ⅰ
被子植物	伯乐树科	伯乐树（钟萼木）	*Bretschneidera sinensis*	Ⅰ
被子植物	花蔺科	＊拟花蔺	*Butomopsis latifolia*	Ⅱ
被子植物	忍冬科	七子花	*Heptacodium miconioides*	Ⅱ

续表

植物门类	科名	中文名	拉丁名	保护级别
被子植物	石竹科	金铁锁	*Psammosilene tunicoides*	Ⅱ
被子植物	卫矛科	膝柄木	*Bhesa sinensis*	Ⅰ
被子植物	卫矛科	十齿花	*Dipentodon sinicus*	Ⅱ
被子植物	卫矛科	永瓣藤	*Monimopetalum chinense*	Ⅱ
被子植物	连香树科	连香树	*Cercidiphyllum japonicum*	Ⅱ
被子植物	使君子科	萼翅藤	*Calycopteris floribunda*	Ⅰ
被子植物	使君子科	千果榄仁	*Terminalia myriocarpa*	Ⅱ
被子植物	菊科	* 画笔菊	*Ajaniopsis penicilliformis*	Ⅱ
被子植物	菊科	* 革苞菊	*Tugarinovia mongolica*	Ⅰ
被子植物	四数木科	四数木	*Tetrameles nudiflora*	Ⅱ
被子植物	龙脑香科	东京龙脑香	*Dipterocarpus retusus*	Ⅰ
被子植物	龙脑香科	狭叶坡垒	*Hopea chinensis*	Ⅰ
被子植物	龙脑香科	无翼坡垒（铁凌）	*Hopea exalata*	Ⅱ
被子植物	龙脑香科	坡垒	*Hopea hainanensis*	Ⅰ
被子植物	龙脑香科	多毛坡垒	*Hopea mollissima*	Ⅰ
被子植物	龙脑香科	望天树	*Parashorea chinensis*	Ⅰ
被子植物	龙脑香科	广西青梅	*Vatica guangxiensis*	Ⅱ
被子植物	龙脑香科	青皮（青梅）	*Vatica mangachapoi*	Ⅱ
被子植物	茅膏菜科	* 貉藻	*Aldrovanda vesiculosa*	Ⅰ
被子植物	胡颓子科	翅果油树	*Elaeagnus mollis*	Ⅱ
被子植物	大戟科	东京桐	*Deutzianthus tonkinensis*	Ⅱ
被子植物	壳斗科	华南锥	*Castanopsis concinna*	Ⅱ
被子植物	壳斗科	台湾水青冈	*Fagus hayatae*	Ⅱ
被子植物	壳斗科	三棱栎	*Formanodendron doichangensis*	Ⅱ
被子植物	瓣鳞花科	* 瓣鳞花	*Frnkenia pulverulenta*	Ⅱ
被子植物	龙胆科	* 辐花	*Lomatogoniopsis alpina*	Ⅱ
被子植物	苦苣苔科	瑶山苣苔	*Dayaoshania cotinifolia*	Ⅰ
被子植物	苦苣苔科	单座苣苔	*Metabriggsia ovalifolia*	Ⅰ
被子植物	苦苣苔科	秦岭石蝴蝶	*Petrocosmea qinlingensis*	Ⅱ
被子植物	苦苣苔科	报春苣苔	*Primulina tabacum*	Ⅰ
被子植物	苦苣苔科	辐花苣苔	*Thamnocharis esquirolii*	Ⅰ
被子植物	禾本科	酸竹	*Acidosasa chinensis*	Ⅱ
被子植物	禾本科	* 沙芦草	*Agropyron mongolicum*	Ⅱ
被子植物	禾本科	* 异颖草	*Anisachne gracilis*	Ⅱ
被子植物	禾本科	* 短芒披碱草	*Elymus breviaristatus*	Ⅱ
被子植物	禾本科	* 无芒披碱草	*Elymus submuticus*	Ⅱ
被子植物	禾本科	* 毛披碱草	*Elymus villifer*	Ⅱ
被子植物	禾本科	* 内蒙古大麦	*Hordeum innermongolicum*	Ⅱ
被子植物	禾本科	* 药用野生稻	*Oryza officinalis*	Ⅱ

续表

植物门类	科名	中文名	拉丁名	保护级别
被子植物	禾本科	* 普通野生稻	*Oryza rufipogon*	Ⅱ
被子植物	禾本科	* 四川狼尾草	*Pennisetum sichuanense*	Ⅱ
被子植物	禾本科	* 华山新麦草	*Psathyrostachys huashanica*	Ⅰ
被子植物	禾本科	* 三蕊草	*Sinochasea trigyna*	Ⅱ
被子植物	禾本科	* 拟高粱	*Sorghum propinquum*	Ⅱ
被子植物	禾本科	* 箭叶大油芒	*Spodiopogon sagittifolius*	Ⅱ
被子植物	禾本科	* 中华结缕草	*Zoysia sinica*	Ⅱ
被子植物	小二仙草科	* 乌苏里狐尾藻	*Myriophyllum ussuriense*	Ⅱ
被子植物	金缕梅科	山铜材	*Chunia bucklandioides*	Ⅱ
被子植物	金缕梅科	长柄双花木	*Disanthus cercidifolius* var. *longipes*	Ⅱ
被子植物	金缕梅科	半枫荷	*Semiliquidambar cathayensis*	Ⅱ
被子植物	金缕梅科	银缕梅	*Shaniodendron subaequalum*	Ⅰ
被子植物	金缕梅科	四药门花	*Tetrathyrium subcordatum*	Ⅱ
被子植物	水鳖科	* 水菜花	*Ottelia cordata*	Ⅱ
被子植物	唇形科	子宫草	*Skapanthus oreophilus*	Ⅱ
被子植物	樟科	油丹	*Alseodaphne hainanensis*	Ⅱ
被子植物	樟科	樟树（香樟）	*Cinnamomum camphora*	Ⅱ
被子植物	樟科	普陀樟	*Cinnamomum japonicum*	Ⅱ
被子植物	樟科	油樟	*Cinnamomum longepaniculatum*	Ⅱ
被子植物	樟科	卵叶桂	*Cinnamomum rigidissimum*	Ⅱ
被子植物	樟科	润楠	*Machilus nanmu*	Ⅱ
被子植物	樟科	舟山新木姜子	*Neolitsea sericea*	Ⅱ
被子植物	樟科	闽楠	*Phoebe bournei*	Ⅱ
被子植物	樟科	浙江楠	*Phoebe chekiangensis*	Ⅱ
被子植物	樟科	楠木	*Phoebe zhennan*	Ⅱ
被子植物	豆科	* 线苞两型豆	*Amphicarpaea linearis*	Ⅱ
被子植物	豆科	黑黄檀（版纳黑檀）	*Dalbergia fusca*	Ⅱ
被子植物	豆科	降香（降香檀）	*Dalbergia odorifera*	Ⅱ
被子植物	豆科	格木	*Erythophleum fordii*	Ⅱ
被子植物	豆科	山豆根（胡豆莲）	*Euchresta japonica*	Ⅱ
被子植物	豆科	茸毛皂荚	*Gleditsia japonica* var. *velutina*	Ⅱ
被子植物	豆科	* 野大豆	*Glycine soja*	Ⅱ
被子植物	豆科	* 烟豆	*Glycine tabacina*	Ⅱ
被子植物	豆科	* 短绒野大豆	*Glycine tomentella*	Ⅱ
被子植物	豆科	花榈木（花梨木）	*Ormosia henryi*	Ⅱ
被子植物	豆科	红豆树	*Ormosia hosiei*	Ⅱ
被子植物	豆科	缘毛红豆	*Ormosia howii*	Ⅱ
被子植物	豆科	紫檀（青龙木）	*Pterocarpus indicus*	Ⅱ
被子植物	豆科	油楠（蚌壳树）	*Sindora glabra*	Ⅱ

续表

植物门类	科名	中文名	拉丁名	保护级别
被子植物	豆科	任豆（任木）	*Zenia insignis*	Ⅱ
被子植物	狸藻科	* 盾鳞狸藻	*Utricularia punctata*	Ⅱ
被子植物	木兰科	长蕊木兰	*Alcimandra cathcardii*	Ⅰ
被子植物	木兰科	地枫皮	*Illicium difengpi*	Ⅱ
被子植物	木兰科	单性木兰	*Kmeria septentrionalis*	Ⅰ
被子植物	木兰科	鹅掌楸	*Liriodendron chinense*	Ⅱ
被子植物	木兰科	大叶木兰	*Magnolia henryi*	Ⅱ
被子植物	木兰科	馨香玉兰	*Magnolia odortissima*	Ⅱ
被子植物	木兰科	厚朴	*Magnolia officinalis*	Ⅱ
被子植物	木兰科	凹叶厚朴	*Magnolia officinalis* subsp. *biloba*	Ⅱ
被子植物	木兰科	长喙厚朴	*Magnolia rostrata*	Ⅱ
被子植物	木兰科	圆叶玉兰	*Magnolia sinensis*	Ⅱ
被子植物	木兰科	西康玉兰	*Magnolia wilsonii*	Ⅱ
被子植物	木兰科	宝华玉兰	*Magnolia zenii*	Ⅱ
被子植物	木兰科	香木莲	*Manglietia aromatica*	Ⅱ
被子植物	木兰科	落叶木莲	*Manglietia decidua*	Ⅰ
被子植物	木兰科	大果木莲	*Manglietia grandis*	Ⅱ
被子植物	木兰科	毛果木莲	*Manglietia hebecarpa*	Ⅱ
被子植物	木兰科	大叶木莲	*Manglietia megaphylla*	Ⅱ
被子植物	木兰科	厚叶木莲	*Manglietia pachyphylla*	Ⅱ
被子植物	木兰科	华盖木	*Manglietiastrum sinicum*	Ⅰ
被子植物	木兰科	石碌含笑	*Michelia shiluensis*	Ⅱ
被子植物	木兰科	峨眉含笑	*Michelia wilsonii*	Ⅱ
被子植物	木兰科	峨眉拟单性木兰	*Parakmeria omeiensis*	Ⅰ
被子植物	木兰科	云南拟单性木兰	*Parakmeria yunnanensis*	Ⅱ
被子植物	木兰科	合果木	*Parakmichelia baillonii*	Ⅱ
被子植物	水青树科	水青树	*Tetracentron sinense*	Ⅱ
被子植物	楝科	粗枝崖摩	*Amoora dasyclada*	Ⅱ
被子植物	楝科	红椿	*Toona ciliata*	Ⅱ
被子植物	楝科	毛红椿	*Toona ciliata* var. *Pubescens*	Ⅱ
被子植物	防已科	藤枣	*Eleutharrhena macrocarpa*	Ⅰ
被子植物	肉豆蔻科	海南风吹楠	*Horsfieldia hainanensis*	Ⅱ
被子植物	肉豆蔻科	滇南风吹楠	*Horsfieldia tetratepala*	Ⅱ
被子植物	肉豆蔻科	云南肉豆蔻	*Myristica yunnanensis*	Ⅱ
被子植物	茨藻科	* 高雄茨藻	*Najas browniana*	Ⅱ
被子植物	茨藻科	* 拟纤维茨藻	*Najas pseudogracillima*	Ⅱ
被子植物	睡莲科	* 莼菜	*Brasenia schreberi*	Ⅰ
被子植物	睡莲科	* 莲	*Nelumbo nucifera*	Ⅱ
被子植物	睡莲科	* 贵州萍蓬草	*Nuphar bornetii*	Ⅱ

续表

植物门类	科名	中文名	拉丁名	保护级别
被子植物	睡莲科	*雪白睡莲	*Nymphaea candida*	Ⅱ
被子植物	蓝果树科	喜树（旱莲木）	*Camptotheca acuminata*	Ⅱ
被子植物	蓝果树科	珙桐	*Davidia involucrata*	Ⅰ
被子植物	蓝果树科	光叶珙桐	*Davidia involucrata* var. *vilmoriniana*	Ⅰ
被子植物	蓝果树科	云南蓝果树	*Nyssa yunnanensis*	Ⅰ
被子植物	金莲木科	合柱金莲木	*Sinia rhodoleuca*	Ⅰ
被子植物	铁青树科	蒜头果	*Malania oleifera*	Ⅱ
被子植物	木犀科	水曲柳	*Fraxinus mandshurica*	Ⅱ
被子植物	棕榈科	董棕	*Caryota urens*	Ⅱ
被子植物	棕榈科	小钩叶藤	*Plectocomia microstachys*	Ⅱ
被子植物	棕榈科	龙棕	*Trachycarpus nana*	Ⅱ
被子植物	罂粟科	*红花绿绒蒿	*Meconopsis punicea*	Ⅱ
被子植物	斜翼科	斜翼	*Plagiopteron suaveolens*	Ⅱ
被子植物	川苔草科	*川藻（石蔓）	*Terniopsis sessilis*	Ⅱ
被子植物	蓼科	*金荞麦	*Fagopyrum dibotrys*	Ⅱ
被子植物	报春花科	*羽叶点地梅	*Pomatosace filicula*	Ⅱ
被子植物	毛茛科	粉背叶人字果	*Dichocarpum hypoglaucum*	Ⅱ
被子植物	毛茛科	独叶草	*Kingdonia uniflora*	Ⅰ
被子植物	马尾树科	马尾树	*Rhoiptelea chiliantha*	Ⅱ
被子植物	茜草科	绣球茜	*Dunnia sinensis*	Ⅱ
被子植物	茜草科	香果树	*Emmenopterys henryi*	Ⅱ
被子植物	茜草科	异形玉叶金花	*Mussaenda anomala*	Ⅰ
被子植物	茜草科	丁茜	*Trailliaedoxa gracilis*	Ⅱ
被子植物	芸香科	黄檗（黄菠椤）	*Phellodendrom amurense*	Ⅱ
被子植物	芸香科	川黄檗（黄皮树）	*Phellodendrom chinense*	Ⅱ
被子植物	杨柳科	钻天柳	*Chosenia arbutifolia*	Ⅱ
被子植物	无患子科	伞花木	*Eurycorymbus cavaleriei*	Ⅱ
被子植物	无患子科	掌叶木	*Handeliodendron bodinieri*	Ⅰ
被子植物	山榄科	海南紫荆木	*Madhuca hainanensis*	Ⅱ
被子植物	山榄科	紫荆木	*Madhuca pasquieri*	Ⅱ
被子植物	虎耳草科	黄山梅	*Kirengeshoma palmata*	Ⅱ
被子植物	虎耳草科	蛛网萼	*Platycrater arguta*	Ⅱ
被子植物	冰沼草科	*冰沼草	*Scheuchzeria palustris*	Ⅱ
被子植物	玄参科	*胡黄莲	*Neopicrorhiza scrophulariiflora*	Ⅱ
被子植物	玄参科	呆白菜（崖白菜）	*Triaenophora rupestris*	Ⅱ
被子植物	茄科	*山莨菪	*Anisodus tanguticus*	Ⅱ
被子植物	黑三棱科	*北方黑三棱	*Sparganium hyperboreum*	Ⅱ
被子植物	梧桐科	广西火桐	*Erythropsis kwangsiensis*	Ⅱ
被子植物	梧桐科	丹霞梧桐	*Firmiana danxiaensis*	Ⅱ

续表

植物门类	科名	中文名	拉丁名	保护级别
被子植物	梧桐科	海南梧桐	*Firmiana hainanensis*	Ⅱ
被子植物	梧桐科	蝴蝶树	*Heritiera parvifolia*	Ⅱ
被子植物	梧桐科	平当树	*Paradombeya sinensis*	Ⅱ
被子植物	梧桐科	景东翅子树	*Pterospermum kingtungense*	Ⅱ
被子植物	梧桐科	勐仑翅子树	*Pterospermum menglunense*	Ⅱ
被子植物	安息香科	长果安息香	*Changiostyrax dolichocarpa*	Ⅱ
被子植物	安息香科	秤锤树	*Sinojackia xylocarpa*	Ⅱ
被子植物	瑞香科	土沉香	*Aquilaria sinensis*	Ⅱ
被子植物	椴树科	柄翅果	*Burretiodendron esquirolii*	Ⅱ
被子植物	椴树科	蚬木	*Burretiodendron hsienmu*	Ⅱ
被子植物	椴树科	滇桐	*Craigia yunnanensis*	Ⅱ
被子植物	椴树科	海南椴	*Hainania trichosperma*	Ⅱ
被子植物	椴树科	紫椴	*Tilia amurensis*	Ⅱ
被子植物	菱科	＊野菱	*Trapa incisa*	Ⅱ
被子植物	榆科	长序榆	*Ulmus elongata*	Ⅱ
被子植物	榆科	榉树	*Zelkova schneideriana*	Ⅱ
被子植物	伞形科	＊珊瑚菜（北沙参）	*Glehnia littoralis*	Ⅱ
被子植物	马鞭草科	海南石梓（苦梓）	*Gmelina hainanensis*	Ⅱ
被子植物	姜科	茴香砂仁	*Etlingera yunnanense*	Ⅱ
被子植物	姜科	拟豆蔻	*Paramomum petaloideum*	Ⅱ
被子植物	姜科	长果姜	*Siliquamomum tongkinense*	Ⅱ
蓝藻	念珠藻科	＊发菜	*Nostoc flagelliforme*	Ⅱ
真菌	麦角菌科	＊虫草（冬虫夏草）	*Cordyceps sinense*	Ⅱ
真菌	口蘑科	松口蘑（松茸）	*Tricholoma matsutake*	Ⅱ

注：标“*”者由农业行政主管部门或渔业行政主管部门主管；未标“*”者由林业行政主管部门主管。

附录Ⅲ　河南省野生植物保护条例

（2007年3月30日河南省第十届人民代表大会常务委员会第三十次会议通过，2007年3月30日河南省人民代表大会常务委员会公告第68号公布，自2007年7月1日起施行）

第一条　为了保护、发展和合理利用野生植物资源，保护生物多样性，维护生态平衡，根据《中华人民共和国森林法》《中华人民共和国野生植物保护条例》等有关法律、法规的规定，结合本省实际，制定本条例。

第二条　在本省行政区域内从事野生植物的保护、发展和利用活动，必须遵守本条例。

第三条　本条例所保护的野生植物，是指原生地天然生长的珍贵植物和原生地天然生长并具有重要经济、科学研究、文化价值的濒危、稀有植物。

野生植物分为国家重点保护野生植物和省重点保护野生植物。

野生植物的具体物种按照国家和省重点保护野生植物名录执行。

第四条　在野生植物资源保护、科学研究、培育利用和宣传教育方面成绩显著的单位和个人，由县级以上人民政府给予奖励。

第五条　县级以上林业、农业行政主管部门（以下简称野生植物行政主管部门）主管本行政区域内野生植物的保护工作，其管理野生植物物种的分工按照国家和省重点保护野生植物名录执行。

县级以上其他有关部门依照职责分工负责有关的野生植物保护工作。

第六条　国家重点保护野生植物按照国务院批准公布的名录执行。

省重点保护野生植物名录由省野生植物行政主管部门商省环境保护、建设等部门提出，经省人民政府批准并公布，报国务院备案。

禁止破坏、毁损野生植物及其生长环境。

第七条　县级以上野生植物行政主管部门应当定期组织本行政区域内野生植物资源调查，掌握野生植物资源消长情况，建立健全资源档案，为保护和利用野生植物资源提供科学依据，所需经费由同级人民政府解决。

第八条　在野生植物物种的天然集中分布区域，应当依照有关法律、法规的规定建立自然保护区。在其他区域，县级以上野生植物行政主管部门和其他有关部门可以根据实际情况，建立野生植物保护点或者设立保护标志。

禁止破坏野生植物保护设施和保护标志。

第九条　县级以上野生植物行政主管部门及其他有关部门应当监视、监测环境对野生植物生长的影响，并采取措施，维护和改善野生植物的生长条件。由于环境影响对野生植物的生长造成危害时，野生植物行政主管部门应当会同其他有关部门进行调查并依法处理。

第十条　建设项目对野生植物的生长环境产生不利影响的，建设单位提交的环境影响评价报告书必须对此作出评价，并提出相应保护措施；环境保护部门在审批环境影响报告书时，应当征求同级野生植物行政主管部门的意见。

建设项目不得占用野生植物原生地。

第十一条　禁止采集国家一级保护野生植物。因科学研究、人工培育、文化交流等特殊需要，采集国家一级保护野生植物的，按照《中华人民共和国野生植物保护条例》的有关规定办理。

第十二条　严格限制采集国家二级和省重点保护野生植物。

采集国家二级和省重点保护野生植物实行限额制度。县级野生植物行政主管部门应当根据本行政区域内国家二级和省重点保护野生植物资源状况，对达到一定种群数量的国家二级和省重点保护野生植物，提出当年采集限额，经省辖市野生植物行政主管部门审核后，报省野生植物行政主管部门批准，作为发放采集证的依据。

因科学研究、人工培育、文化交流、医药卫生、教学等需要，采集国家二级保护野生植物的，应当提交包括采集用途、种类、数量、地点、期限、方法等内容的书面申请，经采集地县级野生植物行政主管部门签署意见后，向省野生植物行政主管部门申请采集证；采集省重点保护野生植物的，应当提交与上述内容相同的书面申请，向县级野生植物行政主管部门申请采集证。

采集城市园林或者风景名胜区内的国家二级和省重点保护野生植物的，应当先征得城市园林或者风景名胜区管理机构同意，依照本条第三款的规定申请采集证。

野生植物行政主管部门发放采集证后，应当将发放情况抄送环境保护部门备案。

省重点保护野生植物采集证由省野生植物行政主管部门统一印制。

禁止伪造、变造、买卖、转让野生植物采集证。

第十三条　采集野生植物的单位和个人，应当按照批准的种类、数量、地点、期限和方法进行，并对野生植物的管护单位或者个人给予适当的补偿，补偿数额由双方协商确定。

严禁超采和采用灭绝性的方法进行采集。

第十四条　禁止出售、收购国家一级保护野生植物。

出售、收购国家二级保护野生植物的，应当提交包括出售或者收购野生植物的种类、数量以及来源、用途等证明资料的书面申请，经县级野生植物行政主管部门签署意见后，报省野生植物行政主管部门批准；出售、收购省重点保护野生植物的，应当提交与上述内容相同的书面申请，报县级野生植物行政主管部门批准。

第十五条　野生植物行政主管部门应当对经营利用国家二级和省重点保护野生植物的活动进行监督检查。

第十六条　依法引种、培育和发展野生植物的单位和个人的合法权益受法律保护。

利用人工培育的与野生植物同种的植物进行生产、经营的单位和个人，应当到县级野生植物行政主管部门备案。

第十七条　出口省重点保护野生植物的，须经省野生植物行政主管部门批准。省野生植物行政主管部门应当将有关野生植物出口的资料抄送省环境保护部门。

第十八条　外国人不得在本省行政区域内采集、收购省重点保护野生植物。

外国人在本省行政区域内对省重点保护野生植物进行野外考察的，须提出包括考察区域、路线、时间、物种等内容的申请，报省野生植物行政主管部门批准。

第十九条　野生植物行政主管部门可以依法对采集、出售、收购、加工、利用、运输、贮藏野生植物的场所或者工具进行检查，有权暂扣来源不明的野生植物。

被检查单位和个人应当予以配合，并如实提供相关资料。

第二十条　违反本条例规定，破坏、毁损野生植物的，责令改正；拒不改正的，由野生植物行政主管部门处一千元以上五千元以下罚款；构成犯罪的，依法追究刑事责任。

违反本条例规定，破坏野生植物保护设施和保护标志的，由野生植物行政主管部门责令修复。

第二十一条　违反本条例规定，建设项目占用野生植物原生地的，由野生植物行政主管部门责令停止违法行为；情节严重的，处五千元以上三万元以下罚款；情节特别严重的，处三万元以上十万元以下罚款。

第二十二条　未按采集证的规定采集省重点保护野生植物的，由野生植物行政主管部门没收采集的野生植物和违法所得，并处一千元以上五千元以下罚款，并可以吊销采集证。

第二十三条　伪造、变造、买卖、转让省重点保护野生植物采集证和有关批准文件的，由有关部门依照相关法律、法规处理。

第二十四条　未经批准擅自出售、收购省重点保护野生植物的，由野生植物行政主管部门、工商行政管理部门按照职责分工没收野生植物和违法所得，可以并处违法所得八倍以下的罚款。

第二十五条　野生植物行政主管部门工作人员有下列行为之一的，依法给予行政处分；构成犯罪的，依法追究刑事责任：

（一）不按规定核发采集证的；

（二）不按规定办理野生植物出售、收购批准手续的；

（三）不依法履行管理、监督职责，造成野生植物严重破坏的；

（四）其他滥用职权、玩忽职守、徇私舞弊的。

第二十六条　行政执法部门、司法机关依法查获的野生植物，应当交同级野生植物行政主管部门处理。

第二十七条　本条例自 2007 年 7 月 1 日起施行。

附录Ⅳ　河南省重点保护植物名录

（2005年1月4日，河南省人民政府发布）

序号及种名	拉丁名	保护级别	分布区域
（一）铁线蕨科 Adiantaceae			
1. 团羽铁线蕨	*Adiantum capillus-junonis*	省级	太行山
（二）蹄盖蕨科 Athyriaceae			
2. 蛾眉蕨	*Lunathyrium acrostichoides*	省级	太行山
（三）铁角蕨科 Aspleniaceae			
3. 过山蕨	*Camptosorus sibiricus*	省级	伏牛山（嵩县、宜阳）
（四）球子蕨科 Onocleaceae			
4. 荚果蕨	*Matteuccia struthiopteris*	省级	伏牛山
5. 东方荚果蕨	*Matteuccia orientalis*	省级	伏牛山
（五）松科 Pinaceae			
6. 巴山冷杉	*Abies fargesii*	省级	伏牛山、小秦岭
7. 铁杉	*Tsuga chinensis*	省级	伏牛山、小秦岭
8. 白皮松	*Pinus bungeana*	省级	太行山、小秦岭
（六）柏科 Cupressaceae			
9. 高山柏	*Sabina squamata*	省级	灵宝小秦岭
（七）三尖杉科 Cephalotaxaceae			
10. 三尖杉	*Cephalotaxus fortunei*	省级	大别山、桐柏山、伏牛山
11. 中国粗榧	*Cephalotaxus sinensis*	省级	大别山
（八）桦木科 Betulaceae			
12. 河南鹅耳枥	*Carpinus funiushanensis*	省级	大别山
13. 铁木	*Ostrya japonica*	省级	伏牛山
14. 华榛	*Corylus chinensis*	省级	嵩县、卢氏、栾川、西峡、内乡、南召、鲁山
（九）壳斗科 Fagaceae			
15. 米心水青冈	*Fagus engleriana*	省级	伏牛山
16. 石栎	*Lithocarpus glaber*	省级	新县、商城
（十）胡桃科 Juglandaceae			
17. 胡桃楸	*Juglans mandshurica*	省级	太行山、小秦岭、伏牛山
18. 青钱柳	*Cyclocarya paliurus*	省级	伏牛山
（十一）榆科 Ulmaceae			
19. 大果榉	*Zelkova sinica*	省级	伏牛山

续表

序号及种名	拉丁名	保护级别	分布区域
20. 青檀	*Pteroceltis tatarinowii*	省级	大别山、伏牛山
21. 太行榆	*Ulmus taihangshanensis*	省级	太行山、伏牛山
（十二）领春木科 Eupteleaceae			
22. 领春木	*Euptelea pleiospermum*	省级	济源、灵宝、嵩县、栾川、南召、西峡、卢氏、鲁山
（十三）蓼科 Polygonaceae			
23. 河南蓼	*Polygonum honanense*	省级	栾川老君山
（十四）毛茛科 Ranunculaceae			
24. 紫斑牡丹	*Paeonia papaveracea*	省级	伏牛山
25. 杨山牡丹	*Paeonia ostii*	省级	嵩县木植街
26. 矮牡丹	*Paeonia jishanensis*	省级	济源
27. 金莲花	*Trollius chinensis*	省级	伏牛山
28. 铁筷子	*Helleborus thibetanus*	省级	济源、灵宝、内乡、西峡
29. 灵宝翠雀	*Delphinium lingbaoensis*	省级	伏牛山
30. 河南翠雀	*Delphinium honanense*	省级	伏牛山
31. 黄连	*Coptis chinensis*	省级	济源
（十五）木兰科 Magnoliaceae			
32. 黄山木兰	*Magnolia cylindrica*	省级	新县、商城
33. 望春花	*Magnolia biondii*	省级	新县、商城
34. 朱砂玉兰	*Magnolia diva*	省级	新县、商城
35. 野八角	*Illicium lanceolatum*	省级	伏牛山、大别山、桐柏山
36. 黄心夜合	*Michelia bodinieri*	省级	伏牛山南坡、大别山
（十六）樟科 Lauraceae			
37. 猴樟	*Cinnamomum bodinieri*	省级	商城、新县
38. 川桂	*Cinnamomum wilsonii*	省级	大别山
39. 天竺桂	*Cinnamomum japonicum*	省级	大别山、桐柏山、伏牛山南坡
40. 大叶楠	*Machilus ichangensis*	省级	大别山
41. 紫楠	*Phoebe sheareri*	省级	大别山、伏牛山
42. 竹叶楠	*Phoebe faberi*	省级	大别山
43. 山楠	*Phoebe chinensis*	省级	鸡公山、商城金刚台
44. 天目木姜子	*Litsea auriculata*	省级	鸡公山、伏牛山
45. 黄丹木姜子	*Litsea elongata*	省级	大别山
46. 豹皮樟	*Litsea coreana* var. *sinensis*	省级	大别山
47. 黑壳楠	*Lindera megaphylla*	省级	大别山、桐柏山、伏牛山南坡
48. 河南山胡椒	*Lindera henanensis*	省级	大别山

续表

序号及种名	拉丁名	保护级别	分布区域
（十七）金缕梅科 Hamamelidaceae			
49. 枫香	*Liquidambar formosana*	省级	大别山
50. 山白树	*Sinowilsonia henryi*	省级	河南山区
（十八）杜仲科 Eucommiaceae			
51. 杜仲	*Eucommia ulmoides*	省级	西峡、内乡、南召
（十九）蔷薇科 Rosaceae			
52. 红果树	*Stranvaesia davidiana*	省级	伏牛山
53. 椤木石楠	*Photinia davidsoniae*	省级	大别山
54. 太行花	*Taihangia rupestris*	省级	太行山
55. 河南海棠	*Malus honanensis*	省级	全省山区
（二十）槭树科 Aceraceae			
56. 金钱槭	*Dipteronia sinensis*	省级	大别山、伏牛山
57. 杈叶槭	*Acer robustum*	省级	伏牛山
58. 重齿槭	*Acer maximowiczii*	省级	伏牛山
59. 飞蛾槭	*Acer oblongum*	省级	伏牛山
（二十一）七叶树科 Hippocastanaceae			
60. 七叶树	*Aesculus chinensis*	省级	伏牛山
61. 天师栗	*Aesculus wilsonii*	省级	伏牛山
（二十二）清风藤科 Sabiaceae			
62. 珂楠树	*Meliosma beaniana*	省级	大别山
63. 暖木	*Meliosma veitchiorum*	省级	伏牛山、大别山
（二十三）鼠李科 Rhamnaceae			
64. 铜钱树	*Paliurus hemsleyanus*	省级	伏牛山、大别山
（二十四）猕猴桃科 Actinidiaceae			
65. 河南猕猴桃	*Actinidia henanensis*	省级	伏牛山
（二十五）山茶科 Theaceae			
66. 紫茎	*Stewartia sinensis*	省级	商城、内乡、新县
67. 陕西紫茎	*Stewartia shensiensis*	省级	伏牛山
（二十六）省沽油科 Staphyleaceae			
68. 银鹊树	*Tapiscia sinensis*	省级	内乡、西峡
（二十七）五加科 Araliaceae			
69. 刺楸	*Kalopanax septemlobus*	省级	大别山
70. 大叶三七	*Panax pseudoginseng*	省级	伏牛山、大别山
（二十八）杜鹃花科 Ericaceae			
71. 河南杜鹃	*Rhododendron henanense*	省级	灵宝小秦岭、伏牛山

续表

序号及种名	拉丁名	保护级别	分布区域
72. 太白杜鹃	*Rhododendron purdomii*	省级	伏牛山
73. 灵宝杜鹃	*Rhododendron henanense* subsp. *lingbaoense*	省级	灵宝小秦岭
（二十九）安息香科 Styracaceae			
74. 玉铃花	*Styrax obassia*	省级	全省山区
75. 郁香野茉莉	*Styrax odoratissima*	省级	伏牛山、大别山
（三十）忍冬科 Caprifoliaceae			
76. 蝟实	*Kolkwitzia amabilis*	省级	济源、灵宝、嵩县、栾川
（三十一）菊科 Compositae			
77. 太行菊	*Opisthopappus taihangensis*	省级	太行山
（三十二）百合科 Liliaceae			
78. 万年青	*Rohdea japonica*	省级	伏牛山
79. 七叶一枝花	*Paris polyphylla*	省级	伏牛山、大别山
80. 延龄草	*Trillium tschonoskii*	省级	伏牛山、桐柏山、大别山
（三十三）兰科 Orchidaceae			
81. 扇叶杓兰	*Cypripedium japonicum*	省级	大别山、内乡
82. 毛杓兰	*Cypripedium franchetii*	省级	伏牛山
83. 大花杓兰	*Cypripedium macranthum*	省级	伏牛山
84. 天麻	*Gastrodia elata*	省级	伏牛山
85. 独花兰	*Changnienia amoena*	省级	伏牛山、商城、桐柏、新县
86. 霍山石斛	*Dendrobium huoshanense*	省级	伏牛山
87. 细茎石斛	*Dendrobium moniliforme*	省级	西峡、南召、内乡
88. 细叶石斛	*Dendrobium hancockii*	省级	西峡
89. 曲茎石斛	*Dendrobium flexicaule*	省级	西峡、内乡
90. 河南石斛	*Dendrobium henanense*	省级	西峡太平镇、南召荞麦岭、内乡宝天曼
91. 黑节草	*Dendrobium officinale*	省级	鸡公山、内乡
92. 河南卷瓣兰	*Bulbophyllum henanense*	省级	西峡
93. 建兰	*Cymbidium ensifolium*	省级	伏牛山、大别山
94. 多花兰	*Cymbidium floribundum*	省级	伏牛山、大别山
（三十四）葫芦科 Cucurbitaceae			
95. 绞股蓝	*Gynostemma pentaphyllum*	省级	全省各地
（三十五）冬青科 Aquifoliaceae			
96. 大果冬青	*Ilex macrocarpa*	省级	大别山
97. 冬青	*Ilex chinensis*	省级	大别山

续表

序号及种名	拉丁名	保护级别	分布区域
（三十六）虎耳草科 Saxifragaceae			
98. 独根草	*Oresitrophe rupifraga*	省级	太行山

中文名索引

拉丁名索引